职业院校"双证融通"改革示范系列教材

继电控制线路维修

主　编　李旭东
参　编　曹婉新

U0173275

机械工业出版社
CHINA MACHINE PRESS

本书以提高中等职业学校学生继电控制线路维修的能力为目的,在介绍继电控制线路中直流电动机、交流电动机和特种电机等相关设备的基础上,对继电控制线路的典型控制线路及其动作原理、故障检修等进行了全面、系统的介绍。

本书共有五个项目:交流电动机,直流电动机,特种电机,三相异步电动机控制线路故障检修、典型机床控制线路及常见故障分析。

本书可作为中等职业学校电气、机电、数控及其他相关专业的教材,也可作为相关工种培训教材及竞赛参考书。

本书配套包括电子课件、原理及操作动画的二维码,选购本书读者可登录 www.cmpedu.com 注册并免费下载。

图书在版编目(CIP)数据

继电控制线路维修/李旭东主编. —北京:机械工业出版社,2020.5
(2022.1重印)
职业院校"双证融通"改革示范系列教材
ISBN 978-7-111-65546-6

Ⅰ.①继… Ⅱ.①李… Ⅲ.①自动继电线路-维修-中等专业学校-教材
Ⅳ.①TP17

中国版本图书馆 CIP 数据核字(2020)第 075415 号

机械工业出版社(北京市百万庄大街22号 邮政编码100037)
策划编辑:赵红梅 责任编辑:赵红梅 杨晓花
责任校对:张 力 封面设计:陈 沛
责任印制:单爱军
北京虎彩文化传播有限公司印刷
2022年1月第1版第2次印刷
184mm×260mm·10.75印张·262千字
标准书号:ISBN 978-7-111-65546-6
定价:33.00元

电话服务 网络服务
客服电话:010-88361066 机 工 官 网:www.cmpbook.com
　　　　　010-88379833 机 工 官 博:weibo.com/cmp1952
　　　　　010-68326294 金 书 网:www.golden-book.com
封底无防伪标均为盗版 机工教育服务网:www.cmpedu.com

前　言

　　"继电控制线路维修"是中等职业学校电气运行与控制专业及相关专业的一门专业核心课程。作为该课程的配套教材，本书突出能力训练，以工作项目为主线，以培养技术应用型、技术技能型人才为目标，在介绍继电控制线路中交流电动机、直流电动机和特种电机等相关设备的基础上，对继电控制的典型控制线路及其动作原理、故障检修等进行了全面、系统的介绍。通过项目引领的编写方式，使学生在"做中学、学中做"的项目训练过程中，准确高效地掌握继电控制线路维修的知识和技能。

　　本书根据中等职业学校电气运行与控制专业的特点，依据课程大纲要求，结合中级工培训、高级工培训、竞赛等内容，选取生产实践中典型的工作任务为项目，强调学生动手实践能力的培养。

　　本书编写面向工程应用，内容由浅入深、层次分明，注重理论联系实际，选材先进典型，应用实例丰富。

　　本书由李旭东主编，曹婉新参与了编写。在编写过程中，编者参考了相关资料及文献，从中得到很多帮助和启示，在此深表感谢。

　　由于编者水平有限，书中难免有疏漏和欠考虑之处，恳切希望广大读者批评指正。

编　者

目 录

项目一

交流电动机

项 目 目 标

知识目标

1. 了解常用交流电动机的种类。
2. 了解常用交流电动机的结构与原理。
3. 概述常用交流电动机的分类和铭牌。

技能目标

1. 能识别常用交流电动机的分类及实物。
2. 能正确选用常用交流电动机，如异步电动机、单相异步电动机和同步电动机等。

情感目标

1. 培养学生善于思考的能力，激发学生的学习兴趣。
2. 培养学生严谨细致、一丝不苟的学习态度。

[活动指导]

活动一   认电与维护电动机

【知识巩固】

一、异步电动机的铭牌

异步电动机的品种很多，可以按照多种途径分类。按外壳防护形式可分为开启式、防护式、封闭式、全封闭式；按铁心外圆尺寸可分为小型、中型、大型异步电动机；按转子结构形式可分为笼型、绕线转子异步电动机；按电源相数可分为三相、单相异步电动机；按通风方式可分为自冷式、自扇冷式、他扇冷式、管道通风式异步电动机。异步电动机实物如图1-1所示。

异步电动机的铭牌标示了电动机型号和主要技术参数，为正确选择、使用和维护电动机作参考，如图1-2所示。

图 1-1 三相异步电动机实物图

三相异步电动机				
型号	Y100L-2		编号	
2.2 kW	380V		6.4 A	接法 Y
2870r/min	LW 79	dB (A)		B级绝缘
防护等级IP44	50 Hz		工作制 S1	kg
标准编号 ××××-××			2001 年	月 日

图 1-2 三相异步电动机铭牌

1. 电动机型号

Y 系列电动机型号由三部分组成，即产品代号、规格代号、特殊环境代号，如图1-3所示。Y 系列电动机具有效率高、起动转矩大、噪声低、性能优良、外形美观等特点。

2. 防护等级

防护等级表示电动机外壳的防护能力，其含义如图1-4所示。

图 1-3 电动机的型号含义

图 1-4 电动机的防护等级含义

防护等级相关数据见表 1-1。

表 1-1　防护等级相关数据

第一位数字表示外壳对人和壳内部件提供的防护等级			第二位数字表示由于外壳进水而引起有害影响的防护等级		
数字	简述	含义	数字	简述	含义
0	无防护	无专门防护	0	无防护	无专门防护
1	防护直径大于50mm的固体	能防止大面积的人体触及	1	防滴	垂直滴水应无有害影响
2	防护直径大于12mm的固体	能防止手指或长度不超过80mm的类似物体触及	2	15°防滴	电动机从垂直位置向任何方向倾斜至15°以内,垂直滴水无影响
3	防护直径大于2.5mm的固体	能防止直径大于2.5mm的物体触及	3	防淋水	与铅垂线成60°角范围内的淋水应无影响
4	防护直径大于1mm的固体	能防止直径或厚度大于1mm的物体触及	4	防溅水	任何方向的溅水应无影响
5	防尘	防止灰尘进入,使尘量不足以影响电动机正常运行	5	防喷水	任何方向的喷水应无影响
6	尘密	完全防止尘埃进入	6	防海浪	海浪冲击或强烈喷水时,电动机的进水量无有害影响
			7	防浸水	浸入规定压力的水中,经规定时间后,进水量未造成有害影响
			8	持续潜水	电动机在制造厂规定的条件下能长期潜水

3. 主要技术参数

（1）额定功率与额定电压

额定功率：电动机在额定工作状态下运行时，转轴上输出的机械功率，如图 1-5 所示。

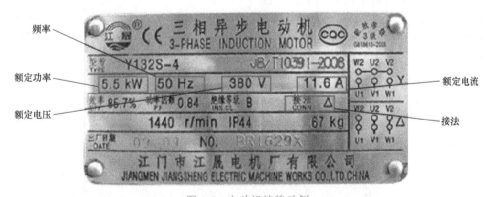

图 1-5　电动机铭牌示例

额定电压：电动机在额定工作状态下运行时定子绕组规定使用的线电压，单位为 V 或 kV。

国家标准规定，电动机的电压等级分别为 220V、380V、3kV、6kV、9kV。

（2）接法

异步电动机一般有△联结和丫联结两种接法，如图1-6和图1-7所示。

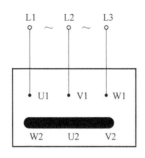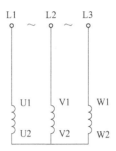

图1-6　丫联结

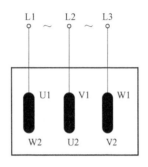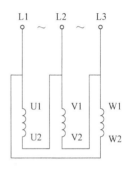

图1-7　△联结

（3）额定电流与频率

额定电流：电动机在额定状态下运行时，电源输入电动机绕组的线电流。如果铭牌上有两个电流值，则表示定子绕组在两种不同接法时的输入线电流。

频率：输入电动机的交流电频率，单位为Hz。

（4）功率因数、效率与转速

功率因数：电动机在额定状态下运行时，电源输入电动机的有功功率与视在功率的比值，如图1-8所示。

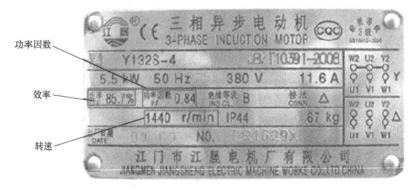

图1-8　功率因数、效率和转速

电动机空载运行时功率因数很低，约为 0.2；满载时功率因数较高，一般为 0.75 ~ 0.92。

效率：电动机在额定状态下运行时，电动机轴上输出的机械功率与电源输入功率的比值。

转速：电动机在额定状态下运行时的转速，单位为 r/min。

转子电压：绕线转子型电动机定子绕组加上额定电压而转子绕组开路时，在集电环上测得的感应电压。

绝缘等级：电动机绕组及其他绝缘部件所用绝缘材料的等级。

绝缘材料按耐热性能可分为七个等级，见表 1-2。国产电动机绝缘材料等级为 B、F、H、C 四个等级。

表 1-2 绝缘材料耐热性能等级

绝缘等级	Y	A	E	B	F	H	C
最高允许温度/℃	90	105	120	130	155	180	大于 180

工作制：电动机工作制分为连续工作制（S1）、短时工作制（S2）、断续工作制（S3）等。

二、异步电动机的电路分析与特性

1. 异步电动机的能量转换

（1）转差率

转差率：异步电动机的转差 Δn 与同步转速 n_0 的比值，称为转差率 s，即

$$s = \frac{\Delta n}{n_0} = \frac{n_0 - n}{n_0}$$

式中　s——转差率；

　　Δn——同步转速与额定转速的差，单位为 r/min；

　　n_0——异步电动机的同步转速，单位为 r/min。

（2）转差率与转子感应电动势频率的关系

当异步电动机通入频率为 f 的交流电运行时，转子中产生的感应电动势频率为

$$f_2 = \frac{p(n_0 - n)}{60} = \frac{pn_0}{60} \times \frac{(n_0 - n)}{n_0} = sf$$

式中　f_2——转子感应电动势频率，单位为 Hz；

　　p——异步电动机的极对数；

　　n_0——异步电动机的同步转速，单位为 r/min；

　　s——转差率。

随着转子转速的升高，s 变小，f_2 也变低。

（3）转差率与转子感应电动势的关系

由电磁感应定律可知，转子在每相绕组中产生的感应电动势为

$$E_2 = 4.44 K_2 f_2 N_2 \Phi_m$$

式中　K_2——转子绕组的绕组系数，由转子绕组的结构决定，小于1；

　　　N_2——转子每相绕组的匝数；

　　　$\varPhi_m$——旋转磁场每极磁通的最大值，单位为Wb；

　　　f_2——转子感应电动势频率，单位为Hz。

由$f_2 = sf$可得：

$$E_2 = 4.44K_2sfN_2\varPhi_m$$

电动机刚起动时，转子在每相绕组中产生的感应电动势为

$$E_{20} = 4.44K_2fN_2\varPhi_m$$

所以

$$E_2 = sE_{20}$$

（4）转差率与转子绕组漏感抗、阻抗和电流的关系

转子绕组各阻抗Z_2实际上由两部分组成：各相绕组导体上的电阻r_2和转子各相绕组的漏感抗$X_{\sigma 2}$。其中

$$X_{\sigma 2} = 2\pi f_2 L_{\sigma 2}$$

式中　$L_{\sigma 2}$——转子每相绕组的漏电感；

　　　f_2——转子感应电动势频率，单位为Hz。

由$f_2 = sf$可得

$$X_{\sigma 2} = 2\pi sf L_{\sigma 2}$$

电动机刚起动时，漏感抗为$X_{\sigma 20} = 2\pi f L_{\sigma 2}$

所以$X_{\sigma 2} = sX_{\sigma 20}$。

每相绕组的阻抗Z_2为

$$Z_2 = \sqrt{r_2^2 + X_{\sigma 2}^2} = \sqrt{r_2^2 + (sX_{\sigma 20})^2}$$

式中　r_2——转子的内电阻，单位为Ω；

　　　$X_{\sigma 2}$——转子漏感抗，单位为Ω。

每相绕组中的电流I_2为

$$I_2 = \frac{E_2}{Z_2} = \frac{E_{20}}{\sqrt{\left(\dfrac{r_2}{s}\right)^2 + X_{\sigma 20}^2}}$$

（5）转差率与功率因数的关系

转子电路各相功率因数为

$$\cos\varphi_2 = \frac{r_2}{Z_2} = \frac{r_2}{\sqrt{r_2^2 + (sX_{\sigma 20})^2}}$$

电动机起动瞬间，$s = 1$，$\cos\varphi_2$最小。当转速上升时，s减小，$\cos\varphi_2$增大。若转速接近同步转速，即$s \approx 0$，则$\cos\varphi_2 \approx 1$。

转差率与功率因数的关系如图1-9所示。

2. 异步电动机的功率与损耗

（1）输入功率与输出功率

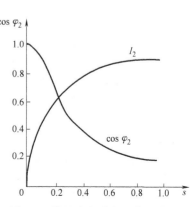

图1-9　转差率与功率因数的关系

输入功率：异步电动机在正常运行时从电源上得到的电功率，用 P_1 表示。

三相异步电动机的输入功率计算公式为

$$P_1 = \sqrt{3}\, U_1 I_1 \cos\varphi_1$$

式中　U_1——输入定子绕组的电源线电压，单位为 V；

　　　　I_1——输入定子绕组的线电流，单位为 A；

　$\cos\varphi_1$——定子电路各相的功率因数。

输出功率：电动机正常运行时，拖动负载的机械功率称为电动机的输出功率，用 P_2 表示。

（2）损耗与效率

损耗：电动机运行时，内部能量会有损失，P_1 与 P_2 的差值即为电动机的总损耗。

电动机的损耗组成如下：

1）定子与转子绕组中的铜耗 P_{Cu}；

2）铁心中的铁耗 P_{Fe}；

3）机械损耗，即电动机运行时的机械摩擦损耗和通风阻力损耗；

4）附加损耗，即由于定、转子铁心中存在齿、槽，造成气隙磁阻不匀，在磁通 Φ 中引起的齿谐波分量所产生的铜耗和铁耗。

效率：电动机输出功率 P_2 与输入功率 P_1 的比值，称为电动机的效率。计算公式为

$$\eta = \frac{P_2}{P_1} \times 100\%$$

当负载为 $0.75 \sim 0.8 P_N$（额定功率）时，电动机效率最高。

3. 转矩特性

电磁转矩：转子中各个载流导体在磁场中受到电磁力而产生的转动力矩之和。计算公式为

$$T = C_T \Phi_M I_2 \cos\varphi_2$$

式中　C_T——转矩常数为一个比例常数，由电动机结构参数决定；

　　　Φ_M——合成旋转磁场的每极磁通量，单位为 Wb；

　　　I_2——转子每相绕组电流，单位为 A；

　$\cos\varphi_2$——转子电路各相的功率因数。

转矩特性：异步电动机的转矩 T 与转差率 s 的函数关系。

转矩特性曲线：转矩特性在直角坐标上得到的关系曲线。

异步电动机的转矩特性曲线如图 1-10 所示。

起动过程：

1）电动机刚起动时，$s = 1$，转子电流最大，此时的电磁转矩称为起动转矩，用 T_{st} 表示。

2）当 $s = s_m$ 时，T 达到最大值 T_{max}。转差率 s_m 称为临界转差率。

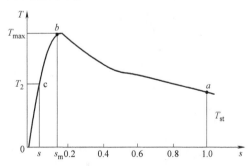

图 1-10　异步电动机的转矩特性曲线

3）当 $T=T_1$ 时，由于电磁转矩与负载转矩相平衡，电动机达到稳定运行状态。

4. 机械特性

异步电动机的电磁转矩 T 与转子转速 n 之间的关系称为异步电动机的机械特性，如图 1-11 所示。

（1）固有机械特性

稳定运行区与不稳定运行区：异步电动机机械特性曲线的 bc 部分，称为异步电动机的稳定运行区；ab 部分称为不稳定运行区。

额定转矩：当电动机工作在额定状态时，轴上输出的额定转矩，计算公式为

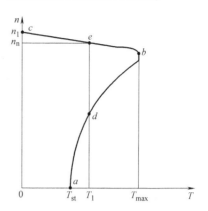

图 1-11　异步电动机的机械特性曲线

$$T_n = 9.55 \frac{P_n}{n_n}$$

过载能力：电动机的最大电磁转矩 T_{max} 与额定转矩 T_n 的比值，用来衡量电动机的过载能力，用 λ 表示。计算公式为

$$\lambda = \frac{T_{max}}{T_n}$$

起动性能：电动机接上电源但未转动时的转矩称为电动机的起动转矩 T_{st}，即图 1-11 中 $0a$ 段。通常用电动机的起动转矩 T_{st} 与额定转矩 T_n 的比值来衡量电动机的起动性能，即 $\frac{T_{st}}{T_n}$。

（2）人为机械特性

降低定子电压时的人为机械特性，转矩特性曲线如图 1-12 所示。在频率不变的情况下，改变电源电压，可以改变异步电动机的转矩特性。

转子回路中串接对称电阻时的人为机械特性，转矩特性曲线如图 1-13 所示。异步电动机的临界转差率 s_m 与转子电路电阻 r_2 成正比，增大 r_2 会使 s_m 值提高。因此改变 r_2 的值，也可以改变异步电动机的转矩特性。

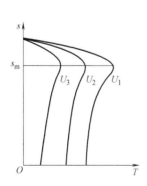

图 1-12　定子电路外加不同电压时的转矩特性曲线

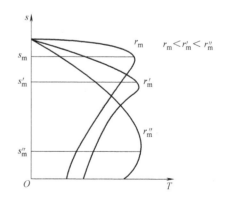

图 1-13　改变转子电路电阻时的转矩特性曲线

三、异步电动机的拖动特性

1. 三相异步电动机的起动

（1）起动性能

起动过程：电动机从接通电源开始，转速由零增加到稳定转速的过程。

起动电流产生的不良影响：电路压降增大，负载端的电压降低；电动机绕组铜耗增大，发热增加。

衡量电动机起动性能的好坏：起动电流尽可能小；起动转矩尽量大些；起动所需用的设备简单、经济、操作方便。

（2）笼型电动机起动

全压起动：起动时直接将额定电压加到电动机上。电动机满足

$$\frac{I_{\text{st}}}{I_{\text{N}}} \leq \frac{3}{4} + \frac{\text{电源变压器容量}(\text{kV} \cdot \text{A})}{4 \times \text{电动机功率}(\text{kW})}$$

则允许全压起动，不满足，则不允许电动机全压起动。

减压起动：利用起动设备使增加到电动机的电压降低，电动机在低电压下起动。

1）定子串电阻减压起动如图 1-14 所示。

2）丫-△减压起动如图 1-15 所示。

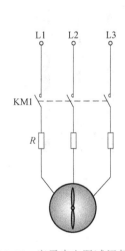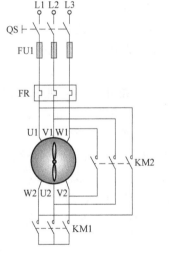

图 1-14　定子串电阻减压起动　定子串电阻起动原理　　图 1-15　丫-△减压起动　　丫-△减压起动原理

3）自耦变压器减压起动如图 1-16 所示。

4）延边△减压起动如图 1-17 所示。

（3）绕线转子型电动机起动

绕线转子型电动机起动时，可以在转子回路中串入可变电阻器来限制起动电流。电路起动时，全部电阻串入转子电路，再合上开关 QS，电动机通电起动。如图 1-18 所示。

特点：减小了起动电流，同时增加了起动转矩，可以在重载下起动。

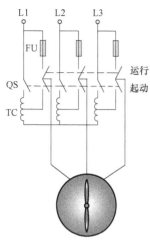
图 1-16 自耦变压器减压起动

自耦变压器减压起动原理

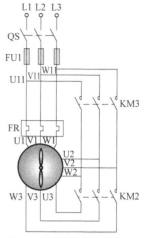
图 1-17 延边△减压起动

延边△减压起动

2. 三相异步电动机的调速

异步电动机的转速公式为

$$n = (1-s)\frac{60f}{p}$$

式中 f——电源频率，单位为 Hz；

s——异步电动机转差率；

p——异步电动机的极对数。

调速方式：改变极对数 p；改变电源频率 f；改变转差率 s。

（1）变极调速

变极调速原理：三相异步电动机的同步转速 n 与极对数 p 成反比，改变极对数 p，就可以改变三相异步电动机的同步转速 n，实现变极调速。

定子绕组极对数的改变，可以通过改变接线方式来实现。如图 1-19所示，以 U 相绕组为例，通过将每相绕组作为两个等效集中绕组正向串联，产生四极磁极，若改变连接方式，也可以实现四极变两极。

特点：调速方便、控制设备简单，但只能做有级调速。

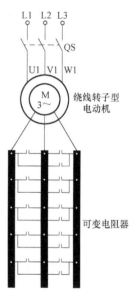
图 1-18 绕线转子型
电动机起动

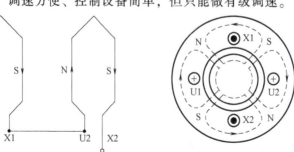
将每相绕组作为两个等效集中绕组正向串联，产生四极磁极。

图 1-19 变极调速原理

变极调速原理

（2）变频调速

异步电动机的同步转速 n_0 与电源频率 f 成正比，改变电源频率就可以改变同步转速，从而使转子转速 n 随之变化。

特点：稳定性和调速平滑性均很好，调速范围大，效率最高。

（3）变转差率调速

变转差率调速方法包括转子回路串电阻调速、调压调速、转子回路串电动势调速、电磁调速。

转子回路串电阻调速：电动机转子回路中串入电阻，改变电动机特性，使电动机在稳定运行时，在负载不变的情况下转差率发生改变，达到调速目的。

调压调速：当负载转矩不变时，随着电压的降低，电动机稳定运行时的转差率将发生变化，转速随之降低。

转子回路串电动势调速：转子回路中引入附加电动势，通过改变附加电动势的大小进行调速。

电磁调速：改变电磁离合器的励磁电流，就可以调节电磁离合器的输出转速，电流越大，转速越高。

3. 三相异步电动机的电气制动

（1）反接制动

反接制动包括电源反接制动和倒拉反接制动。反接制动原理如图 1-20 所示。

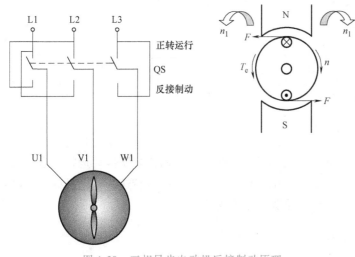

图 1-20　三相异步电动机反接制动原理

反接制动原理

（2）能耗制动

电动机切断三相电源后，立刻在定子绕组电路的任意两相中通入直流电，使电动机迅速停止运行。能耗制动原理如图 1-21 所示。

（3）回馈制动

电动机在超速转动的过程中，会产生一个均匀的制动转矩来限制其继续增速，使电动机达到稳速运行的状态。回馈制动原理如图 1-22 所示。

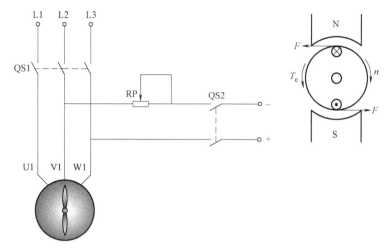

图 1-21　三相异步电动机能耗制动原理　　　　　　　　能耗制动原理

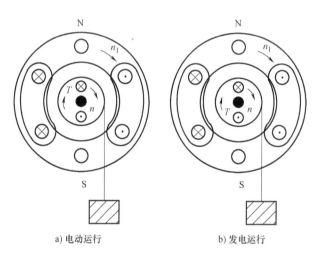

a) 电动运行　　　　　　　b) 发电运行

图 1-22　三相异步电动机回馈制动原理

起重机由高处下放重物时，电动机转速小于同步转速，电动机处于电动运行状态。

由于重力的作用，在重物的下放过程中电动机转速会大于同步转速，电动机处于发电状态，电磁转矩变为制动转矩，从而限制了重物的下降速度。

四、异步电动机的故障检修

1. 常见故障分析

（1）故障现象一：故障接通后，电动机不能起动，并有异声。

故障分析：

1）内部原因：轴承损坏、异物落入、定子绕组断路或短路等。

2）外部原因：断相运行、起动设备故障、电动机严重过载、传动机构卡住。

（2）故障现象二：电动机起动后，运转声音不正常。

故障分析：

1）电动机绕组原因：定子绕组局部短路或碰壳接地，绕组连接错误。

2）机械结构原因：机壳破裂、转轴与轴承配合太松、转子与定子相摩擦、定子铁心松动、轴承损坏或润滑油已干。

（3）故障现象三：异步电动机起动后转速较低，电流表指针摆动。

故障分析：

1）定子原因：定子绕组接电部分接触不良，三角形联结错误接成星形联结。

2）转子原因：笼型转子笼条断裂或者端环断裂，绕线转子型电动机转子绕组断路或电刷接触不良。

（4）故障现象四：异步电动机运行后轴承发热。

故障分析：电动机转轴与传动机构连接偏心，传动带过紧，轴承损坏或内有异物，轴承变形，轴承装配不佳，轴承规格不符，轴承缺油。

（5）故障现象五：电动机运行后，电动机过热或冒烟。

故障分析：

1）内部原因：定子绕组短路，转子与定子相摩擦，绕线转子型电动机电刷压力太大或电刷与集电环不配合。

2）外部原因：电源电压过低或三相电压严重不平衡，断相运行，电动机过载，周围环境温度过高。

2. 三相异步电动机的拆卸与安装

电动机在进行检修和保养时，常需要拆装。

（1）准备工作

拆卸工具：锤子、铜棒、扁凿、拉具等，如图1-23所示。

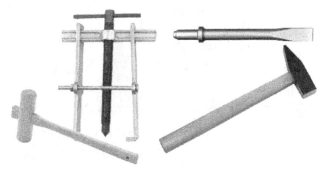

图 1-23　拆卸工具

在线头、端盖、刷握等处做好标记，以便于修复后的装配。

（2）拆卸步骤

电动机的主要拆卸步骤如下：

1）传动带轮和联轴器的拆卸；

2）风罩和风叶的拆卸；

3）轴承盖和端盖的拆卸；

4）抽出转子和检查轴承；

5）轴承的拆卸和清洗。

安装步骤与拆卸步骤相反。

电动机拆卸结构示意图如图 1-24 所示。

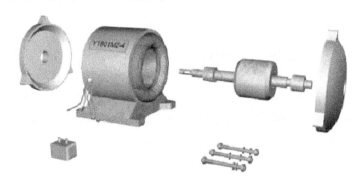

图 1-24　电动机拆卸结构示意图

活动二

【新课导入】

现象：当蹄形磁铁转动时，笼型转子跟着磁铁一起转动，且磁极转动得越快，转子转动得越快，异步电动机转动原理如图 1-25 所示。

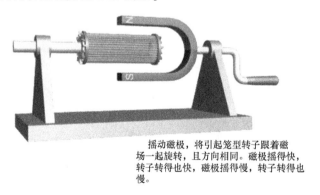

摇动磁极，将引起笼型转子跟着磁场一起旋转，且方向相同。磁极摇得快，转子转得也快，磁极摇得慢，转子转得也慢。

图 1-25　异步电动机转动原理

讨论

1）为什么转子会转动？

2）为什么转子转动的方向和磁铁一样？

3）为什么磁铁转动的速度变快，转子速度也跟着变快？

异步电动机转动原理

【知识巩固】

一、单相异步电动机的应用

单相异步电动机只需单相交流电源，特别是可以直接用220V交流电源供电，广泛应用于工业、医疗、家用电器中，如电风扇、洗衣机、电冰箱、吸尘器等，如图1-26所示。

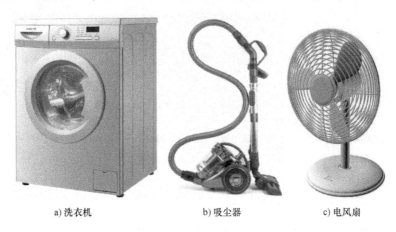

a) 洗衣机　　　　　　　　b) 吸尘器　　　　　　　　c) 电风扇

图1-26　单相异步电动机的应用

二、单相异步电动机的结构

单相异步电动机的结构如图1-27所示。主要包括：

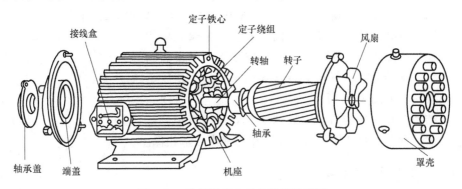

图1-27　单相异步电动机结构示意图

1）机座：机座结构随电动机冷却方式、防护形式、安装方式和用途而异。按其材料分类，有铸铁、铸铝和钢板结构等几种。

2）铁心：包括定子铁心和转子铁心，用来构成电动机的磁路。

3）绕组：分为工作绕组（又称主绕组）和起动绕组（又称辅助绕组）。两种绕组的中轴线错开一定的电角度，目的是改善起动性能和运行性能。

4）端盖和轴承：端盖和轴承将固定部分和旋转部分连成一体。

5）离心开关或起动继电器或PTC起动器：控制单相异步电动机的起动和运行。

三、单相异步电动机的工作原理

单相异步电动机通入单相交流电时，产生的是一个脉冲磁场，脉冲磁通的大小随电流瞬时值的变化而变化，但磁场的轴线空间位置不变，因此磁场不会旋转，当然也不会产生动力转矩，如图 1-28 所示。

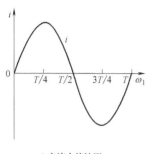 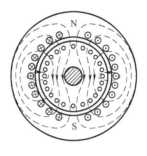 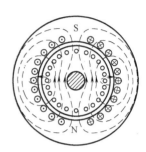

a) 交流电流波形　　　　　　b) 电流正半周产生的磁场　　　　　c) 电流负半周产生的磁场

图 1-28　单相脉冲磁场的产生

四、单相异步电动机的分类

单相异步电动机可分为罩极式电动机（凸极式和隐极式）、电容分相单相异步电动机和电阻分相单相异步电动机。

1. 罩极式电动机

罩极式电动机定子为硅钢片叠成的凸极式，工作绕组套在凸极的极身上。每个极的极靴上开有一个槽，槽内嵌有短路铜环，转子均采用笼型结构，如图 1-29 所示。

工作原理：罩极式单相异步电动机励磁绕组中通入单相交流电时，在励磁绕组与短路铜环的共同作用下，磁极之间形成一个连续移动的磁场，好似旋转磁场一样，从而使笼型转子受力而旋转，如图 1-30 所示。

特点：结构简单，制作方便，成本低，运行噪声小，维护方便；起动性能及运行性能较差，效率和功率因数都较低。

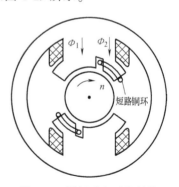

2. 电容分相单相异步电动机

电容分相单相异步电动机可分为电容运行单相异步电动机、电容起动单相异步电动机、双电容单相异步电动机，实物如图 1-31 所示。

图 1-29　罩极式电动机结构

工作原理：电动机定子铁心上嵌有两套绕组，即工作绕组和起动绕组。两套绕组结构基本相同，空间位置互差 90°。在起动绕组中串入电容 C 后再与工作绕组并联接在单相交流电源上，使流过工作绕组 U1、U2 的电流与流过起动绕组 Z1、Z2 的电流在时间上相差约 90°相位差，定子、转子及气隙间产生一个旋转磁场，笼型转子在该旋转磁场的作用下获得起动转矩而旋转，如图 1-32 所示。

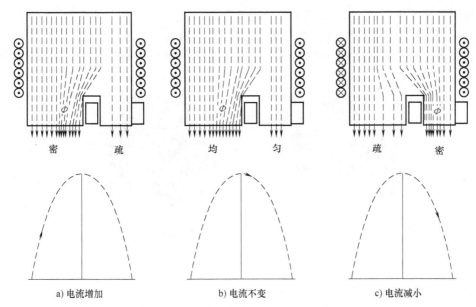

密　　　疏　　　　　　均　　　匀　　　　　　疏　　　密

a) 电流增加　　　　　　b) 电流不变　　　　　　c) 电流减小

图 1-30　罩极式电动机磁场的移动原理

图 1-31　电容分相单相异步电动机实物图

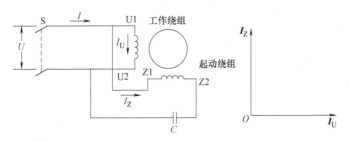

图 1-32　电容分相单相异步电动机工作原理

起动方式：离心开关起动、起动继电器起动、
PTC 起动器起动。

3. 电阻分相单相异步电动机

工作原理：电阻分相单相异步电动机的定子
铁心上嵌有两套绕组，即工作绕组 U1、U2 和起
动绕组 Z1、Z2，如图 1-33 所示。在电动机运行过
程中，工作绕组自始至终接在电路中。一般工作

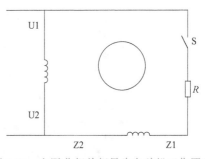

图 1-33　电阻分相单相异步电动机工作原理

绕组占定子总槽数的 2/3, 起动绕组占定子总槽数的 1/3。

　　特点: 构造简单、价格低廉、使用方便, 具有过电流保护功能。

　　用途: 主要用于小型机床、鼓风机、电冰箱压缩机、医疗器械等设备, 如图 1-34 所示。

a) 鼓风机　　　　　　　　　b)电冰箱压缩机

图 1-34　电阻分相单相异步电动机的主要应用

五、单相异步电动机的调速方式

1. 串电抗器调速

电抗器为一个带抽头的铁心电感线圈, 串联在单相电动机电路中起减压作用, 通过调节抽头使电压降不同, 从而使电动机获得不同的转速。吊扇串电抗器调速电路如图 1-35 所示。

2. 自耦变压器调速

单相异步电动机电压调节可通过自耦变压器来实现。图 1-36a 所示电路调速时整台

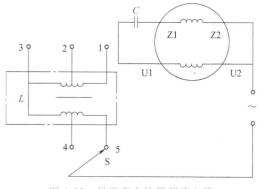

图 1-35　吊扇串电抗器调速电路

电动机减压运行, 因此低速挡起动性能较差。图 1-36b 所示电路调速时仅使工作绕组减压运行, 所以低速挡起动性能较好, 但接线较复杂。

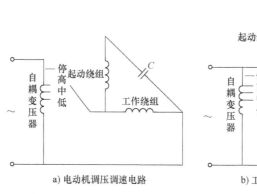
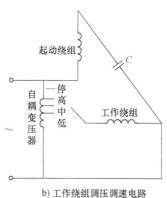

a) 电动机调压调速电路　　　　　　　b) 工作绕组调压调速电路

图 1-36　自耦变压器调速电路

3. 串电容调速

将不同容量的电容串入单相异步电动机电路，也可调节电动机的转速，如图 1-37 所示。由于电容容抗与电容量成反比，故电容量越大容抗就越小，相应的电压降越小，电动机转速越高；反之，电容量越小，容抗就越大，电动机转速就越低。

图 1-37 所示电路为具有三挡速度的串电容调速电路，其中电阻 R_1 及 R_2 为泄放电阻，在断电时可将电容中的电能泄放掉。

4. 绕组抽头法调速

单相异步电动机定子嵌放一个调速绕组（又称中间绕组），中间绕组与工作绕组及起动绕组连接后引出几个抽头，中间绕组起调节电动机转速的作用。

电动机上的调速绕组可分为 L 形和 T 形两大类，如图 1-38 所示。

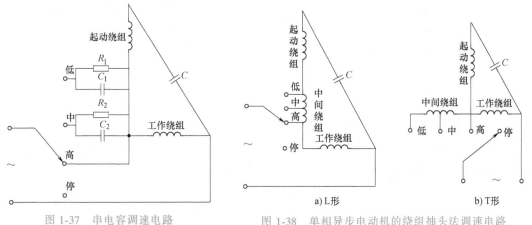

图 1-37　串电容调速电路　　　图 1-38　单相异步电动机的绕组抽头法调速电路

5. 晶闸管调速

电扇无级调速器使用很普遍，其电路如图 1-39 所示，主要由主电路和触发电路两部分构成。

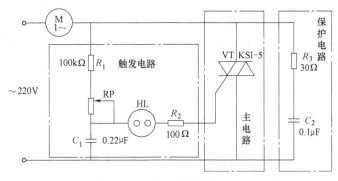

图 1-39　电扇无级调速器电路

有些电扇，如图 1-40 所示立式移动电扇，往往还设置有微风挡，以增加舒适度。此时若用普通的调速方法，电扇在这样低的转速下则无法起动。要实现电动机的微风运转，就要解决低转速下的起动问题，一个简单的解决办法是利用 PTC 元件的特性，如图 1-41 所示。

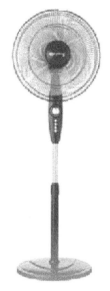

图 1-40　立式移动电扇

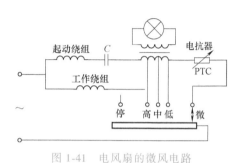

图 1-41　电风扇的微风电路

六、单相异步电动机的正反转

单相异步电动机的转向与旋转磁场的转向相同，因此如果单相异步电动机反转就必须改变旋转磁场的转向，如图 1-42 所示。

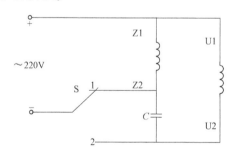

图 1-42　单相异步电动机的正反转电路

方法：一种是将工作绕组的首端和末端与电源的接线对调；另一种是将电容从一组绕组改接到另一组绕组中。

活动三

【新课导入】

同步电机是交流旋转电机中的一种，转子的转速始终与定子旋转磁场的转速（同步转速）相同，主要用于功率较大、转速不要求调节的生产机械，如大型水泵、空气压缩机、矿井通风机等，如图 1-43 所示。

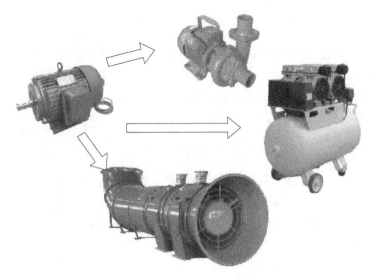

图 1-43　同步电机的应用

【知识巩固】

一、同步电机的分类

同步电机的实物如图 1-44 所示。

图 1-44　同步电机实物图

1. 按运行方式和功率转换方向分类

按运行方式和功率转换方向分类，可分为同步发电机、同步电动机、同步调相机（又称同步补偿机）。

同步发电机：用原动机带动该电动机以一定的转速转动，并在磁极绕组中通入励磁电流，使它产生一定频率的三相交流电的电机。

同步电动机：电动机通入一定频率的三相交流电及直流励磁电流，使之以额定转速转动的电机。

同步调相机：是一台空载运行的同步电动机。用于发出或吸收无功功率，改善电网功率因数。

2. 按结构特点分类

按结构特点的不同，可分为旋转电枢式电动机和旋转磁极式电动机两类。

旋转电枢式电动机：磁极装在定子上，三相绕组装在转子上的电动机。

旋转磁极式电动机：磁极装在转子上，三相绕组装在定子上的电动机，又分为隐极式电动机和凸极式电动机两种。

3. 按原动机分类

同步发电机按原动机类别不同，可分为汽轮发电机、水轮发电机和柴油发电机。

汽轮发电机：与汽轮机、励磁机配套形成发电机组，用于火力发电厂。

水轮发电机：与水轮机、励磁机配套形成发电机组，用于水力发电厂。

柴油发电机：以柴油为动力，功率小。

二、同步电动机的励磁方式

同步电动机的工作流程如图 1-45 所示。

图 1-45　同步电动机的工作流程

1. 直流发电机励磁

直流励磁发电机是一台并励直流发电机。如图 1-46 所示，通过调节 RP 可调节直流励磁发电机的电动势，从而调节同步电动机的励磁电流。

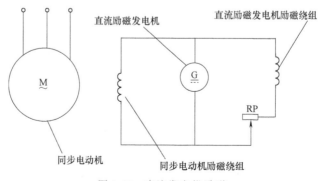

图 1-46　直流发电机励磁

2. 晶闸管励磁

晶闸管励磁是将电源中得到的交流电经晶闸管整流后供给同步电动机的励磁绕组。

晶闸管励磁电路由晶闸管主电路、触发电路、控制电路和电源等组成，如图 1-47 所示。

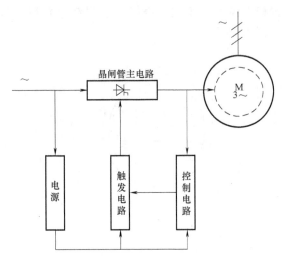

图 1-47　晶闸管励磁电路

三、同步电动机起动方法

1. 起动转矩

同步电动机无起动转矩，不能自行起动，如图 1-48 所示。

同步电动机通电后旋转磁场立刻转动，而转子由于惯性不能立即转动。当旋转磁场转到转子半周期时，两组磁极的相对位置发生变化。

由于同极性互相排斥，旋转磁场对转子产生的作用力方向改变，产生逆时针的转矩。惯性转子要改变转向需要时间，此时定子旋转磁场已转过半周，转子产生顺时针的转矩。

总结：在电流的一个周期内，旋转磁场对转子的转矩变化两次，平均电抗为零，所以同步电动机不能自行起动。

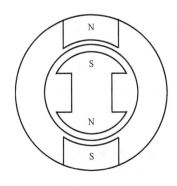

图 1-48　同步电动机起动转矩

同步电动机起动转矩

2. 起动方法

起动方法分为异步起动法、辅助起动法和变频起动法。

（1）异步起动法

同步电动机的转子磁极上装有一个起动绕组（阻尼绕组）以获得起动转矩，利用异步电动机起动原理起动，如图1-49所示。

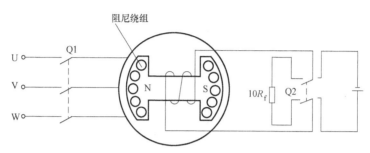

图1-49　同步电动机异步起动原理电路

特点：无需另加设备，操作较简。

起动过程：起动时，先给定子三相绕组通入三相电流，产生旋转磁场，转子上的绕组与定子磁场间产生相对运动后，绕组中就产生感应电动势和电流，此电流又受到定子磁场的作用，使电动机产生电磁转矩而起动。

（2）辅助起动法

起动时同步电动机的定子的三相绕组中通入三相交流电，同时用另一台异步电动机或其他原动机带动同步电动机旋转。

特点：占地面积大，不经济。

（3）变频起动法

用变频电源将电源频率从零逐步调节到额定频率，将旋转磁场的转速从零逐步提高到同步转速。

特点：设备较复杂，技术难度大，费用昂贵。

【知识考核】

一、判断题

1. 异步电动机的额定功率是指电动机在额定工作状态运行时的输入功率。（　　　）

2. 异步电动机的工作方式有连续、短时和断续三种。（　　　）

3. 三相异步电动机的转速取决于电源频率和极对数，而与转差率无关。（　　　）

4. 三相异步电机转子转速越低，电动机转差率越大，转子电动势频率越高。（　　　）

5. 带有额定负载转矩的三相异步电动机，若使其电源电压低于额定电压，则其电流就会低于额定电流。（　　　）

6. 异步电动机的起动性能，主要是指起动转矩和起动电流两方面。（　　　）

7. Y-△减压起动方式，只适用于轻载或空载下的起动。（　　　）

8. 电动机采用自耦变压器减压起动，当自耦变压器减压系数 $K = 0.6$ 时，起动转矩是额

定电压下起动转矩的 60%。（   ）

9. 所谓变极调速就是改变电动机定子中绕组的接法，从而改变定子绕组的极对数 p，实现电动机的调速。（   ）

10. 能耗制动是在电动机切断三相电源的同时，把直流电源通入定子绕组，直到转速为零时再切断电源。（   ）

11. 电阻分相异步电动机工作绕组的电流和起动绕组的电流有近 90°的相位差，从而使转子产生起动转矩而起动。（   ）

12. 使用绝缘电阻表测定绝缘电阻时，应使绝缘电阻表达到 180r/min 以上。（   ）

13. 同步电动机采用异步起动法时，先将定子三相绕组通入三相交流电，当转速达到同步转速时，向转子励磁绕组中通入直流励磁电流，将电动机带入同步运行状态。（   ）

二、单项选择题

1. 异步电动机的效率是指电动机在额定状态运行时，电动机（   ）的比值。
    A. 定子输入功率与电源输入的电功率
    B. 输出的有功功率与电源输入的电功率
    C. 输入视在功率与电源输入的电功率
    D. 轴上输出的机械功率与电源输入的电功率

2. 若异步电动机的铭牌上所标电压为 380/220V，接法为Ｙ/△，则表示（   ）。
    A. 电源电压为 380V 时，三相定子绕组采用Ｙ联结
    B. 电源电压为 380V 时，三相定子绕组采用△联结
    C. 电源电压为 220V 时，三相定子绕组采用Ｙ联结
    D. 电源电压为 220V 时，三相定子绕组可采用Ｙ联结，也可采用△联结

3. 短时工作方式（定额）的异步电动机短时运行时间有 15min、30min、60min 和（   ）四种。
    A. 10min   B. 20min   C. 50min   D. 90min

4. 有一台异步电动机，其额定频率 $f_n = 50Hz$，$n_n = 730r/min$，则该电动机的极数、同步转速为（   ）。
    A. 极数 4，同步转速 750r/min   B. 极数 4，同步转速 730r/min
    C. 极数 6，同步转速 750r/min   D. 极数 8，同步转速 750r/min

5. 有一台异步电动机，已知其极数 $2p = 8$，$f_n = 50Hz$，$s_n = 0.043$，则该电动机的额定转速为（   ）。
    A. 750r/min   B. 717.8r/min   C. 730r/min   D. 710r/min

6. 三相异步电动机转子的转速越低，电动机的转差率越大，（   ）。
    A. 转子感应电动势越大、频率越低   B. 转子感应电动势越小、频率越高
    C. 转子感应电动势不变、频率越高   D. 转子感应电动势越大、频率越高

7. 三相异步电动机的定子电压突然降低为原电压 80% 的瞬间，转差率维持不变，其电磁转矩会（   ）。
    A. 减少到原电磁转矩的 80%   B. 减小到原电磁转矩的 64%
    C. 增加   D. 不变

8. 三相笼型异步电动机的最大电磁转矩与电源电压的大小（   ）。

A. 成正比关系　　　B. 成反比关系　　　C. 无关　　　　　　D. 成平方关系

9. 一般衡量异步电动机的起动性能,主要要求(　　)。

　　A. 起动电流尽可能大、起动转矩尽可能小

　　B. 起动电流尽可能小、起动转矩尽可能大

　　C. 起动电流尽可能大、起动时间尽可能短

　　D. 起动电流尽可能小、起动转矩尽可能小

10. 三相异步电动机起动瞬间,电动机的转差率(　　)。

　　A. $s=0$　　　　B. $s<1$　　　　C. $s=1$　　　　D. $s>1$

11. 三相笼型异步电动机减压起动方法有串电阻减压起动、丫-△减压起动、自耦变压器减压起动及(　　)。

　　A. △-丫减压起动　　　　　　　　B. △-△减压起动

　　C. 延边三角形减压起动　　　　　　D. 丫-丫减压起动

12. 电动机采用丫-△减压起动时,定子绕组接成星形起动的线电流是接成三角形起动的线电流的(　　)。

　　A. 1/2　　　　　B. 1/3　　　　　C. 2/3　　　　　D. 3/2

13. 电动机采用丫-△减压起动的起动转矩是全压起动的起动转矩的(　　)。

　　A. 1/4　　　　　B. 1/2　　　　　C. 1/3　　　　　D. 2/3

14. 电动机采用自耦变压器减压起动,当起动电压是额定电压的80%时,起动转矩是额定电压下起动时起动转矩的(　　)倍。

　　A. 0.34　　　　B. 0.51　　　　C. 0.64　　　　D. 0.8

15. 绕线转子异步电动机转子绕组串接电阻起动可以(　　)。

　　A. 减小起动电流、增大起动转矩　　B. 增大起动电流、增大起动转矩

　　C. 减小起动电流、减小起动转矩　　D. 增大起动电流、减小起动转矩

16. 异步电动机的变转差率调速方法有转子回路串电阻调速、调压调速和(　　)。

　　A. 变相调速　　B. 变流调速　　C. 串级调速　　D. 串电容调速

17. 能耗制动是在电动机切断三相电源的同时,把(　　),使电动机迅速停下来。

　　A. 电动机定子绕组的两相电源线对调

　　B. 交流电源通入定子绕组

　　C. 直流电源通入转子绕组

　　D. 直流电源通入定子绕组

18. 反接制动是在电动机需要停车时,采取(　　),使电动机迅速停下来。

　　A. 对调电动机定子绕组的两相电源线

　　B. 对调电动机转子绕组的两相电源线

　　C. 直流电源通入转子绕组

　　D. 直流电源通入定子绕组

19. 电阻分相单相异步电动机有工作绕组和起动绕组,(　　)使工作绕组的电流和起动绕组的电流有近90°的相位差,从而使转子产生起动转矩而起动。

　　A. 电阻与工作绕组串联　　　　　　B. 电阻与起动绕组串联

　　C. 电阻与工作绕组并联　　　　　　D. 电阻与起动绕组并联

20. 使用绝缘电阻表测定电动机绝缘电阻时，如果测出的绝缘电阻值在（　　）以上，一般可以认为电动机绝缘尚好，可继续使用。

    A. $0.2M\Omega$　　　　　B. $0.5M\Omega$　　　　　C. $2M\Omega$　　　　　D. $10M\Omega$

21. 测量380V电动机定子绕组的绝缘电阻，应选用（　　）。

    A. 万用表　　　　　　　　　　　B. 250V绝缘电阻表

    C. 500V绝缘电阻表　　　　　　　D. 2500V绝缘电阻表

22. 按运行方式和功率转换关系，同步电机可分为同步发电机、同步电动机及（　　）。

    A. 同步励磁机　　　B. 同步充电机　　　C. 同步调相机　　　D. 同步吸收机

23. 调节同步电动机转子的直流励磁电流，便能调节（　　）。

    A. 功率因数 $\cos\varphi$　　　B. 起动电流　　　C. 起动转矩　　　D. 转速

24. 同步电动机的起动方法有异步起动法、辅助起动法及调频起动法等，使用最广泛的是（　　）。

    A. 异步起动法　　　B. 辅助起动法　　　C. 调频起动法　　　D. 同步起动法

项目二

直流电动机

项 目 目 标

知识目标

1. 了解常用直流电动机的种类。
2. 了解常用直流电动机的结构与原理。
3. 了解常用直流电动机的机械特性和运行特性。

技能目标

1. 能掌握常用直流电动机的起动、调速、制动方式。
2. 能正确分析常用直流电动机的故障现象，掌握相应的检修方法等。

情感目标

1. 培养学生善于思考的能力，激发学生的学习兴趣。
2. 培养学生严谨细致、一丝不苟的学习态度。

［活动指导］

活动　　认识直流电动机

【新课导入】

直流电机是实现直流电能和机械能相互转换的一种旋转式电机，如图2-1所示。

由直流电源供电，拖动机械负载旋转，输出机械能的电机称为直流电动机；由原动机拖动旋转，将机械能转变为直流电能的电机称为直流发电机。

图 2-1　直流电机实物图

直流电机特点：调速范围广，易于平滑调速；起动、制动和过载转矩大；易于控制，可靠性高。

直流电机多用于对调速要求较高的生产机械上，如轧钢机、电车、电气铁道牵引、挖掘机械、纺织机械等。直流发电机可用来作为直流电动机以及交流发电机的励磁直流电源。

【知识巩固】

一、直流电机的分类、结构和铭牌

1. 分类

（1）按用途分类

直流发电机：将机械能转换成直流电能，如图2-2所示。

直流电动机：将直流电能转换成机械能，如图2-3所示。

（2）按磁场励磁方式分类

直流电动机的励磁方式示意图如图2-4所示。按磁场励磁方式可分为他励式、并励式、串励式和复励式，如图2-5所示。

1）他励电动机：一种电枢绕组和励磁绕组分别由两个直流电源供电的电动机。如图2-5a所示，I_a 为电枢电流，I_f 为励磁电流。

2）并励电动机：励磁绕组和电枢绕组并联，由同一个直流电源供电。励磁绕组匝数较多，导线截面较细，电阻较大，励磁电流只是电枢电流的一小部分，如图2-5b所示。

图 2-2 手摇直流发电机

图 2-3 直流电动机

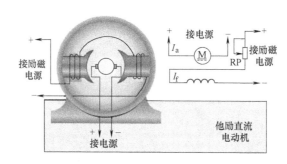

图 2-4 直流电动机的励磁方式

3）串励电动机：励磁绕组与电枢绕组串联，用同一个直流电源供电。励磁电流与电枢电流相等。电枢电流较大，所以励磁绕组的导线截面积较大，匝数较少，如图 2-5c 所示。

4）复励电动机：有两个励磁绕组，一个与电枢绕组并联，一个与电枢绕组串联，如图 2-5d 所示。当两个励磁绕组产生的磁通方向相同时，合成磁通为两磁通相加，这种电动机称为和复励电动机；当两个励磁绕组产生的磁通方向相反时，合成磁通为两磁通之差，这种电动机称为差复励电动机。

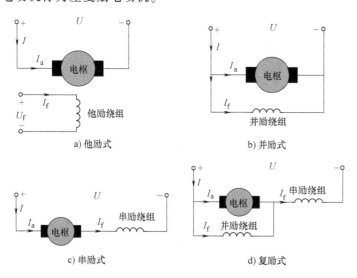

a) 他励式   b) 并励式   c) 串励式   d) 复励式

图 2-5 四种励磁方式

直流电动机的励磁方式

2. 结构

直流电动机由静止部分（定子）和转动部分（转子）两大部分组成，如图2-6所示。定、转子之间有一定的间隙，称为气隙。

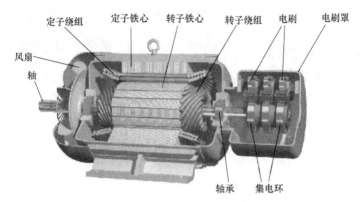

图2-6 直流电动机结构

（1）定子

定子的作用是产生磁场和作为电动机的机械支承，包括主磁极、换向极、机座、端盖、轴承、电刷装置等。直流电动机定子结构如图2-7所示。

1）主磁极：一种电磁铁，由主磁极铁心和套在铁心上的主磁极绕组（又称励磁绕组）组成，其作用是建立主磁场，如图2-8所示。主磁极上的线圈通以直流电产生磁通，称为励磁。

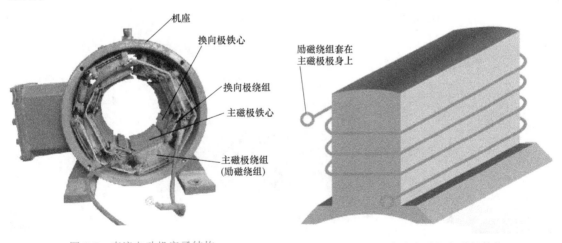

图2-7 直流电动机定子结构   图2-8 直流电动机主磁极结构

2）换向极：改善直流电动机的换向情况，使电动机运行时不产生有害的火花。换向极由铁心和绕组组成，如图2-9所示。

3）机座：作为磁路的一部分，用来固定主磁极、换向极和端盖。通常由铸钢或厚钢板焊成。

4）电刷装置：引入或引出直流电压、直流电流。电刷装置由电刷、刷握、刷杆、刷杆座和弹簧压板等构成，如图 2-10 所示。

（2）转子

转子上用来感应电动势从而实现能量转换的部分称为电枢，包括电枢铁心和电枢绕组，此外转子上还有换向器、转轴、风扇等。直流电动机转子结构如图 2-11 所示。

1）电枢结构如图 2-12 所示。

电枢铁心：主磁路的一部分；电枢绕组的支承部件，一般用 0.5mm 厚的硅钢片叠压而成。

电枢绕组：直流电动机的电路部分；用绝缘的圆形或矩形截面的导线绕成，上下层以及线圈与电枢铁心间要妥善地绝缘，并用槽楔压紧。

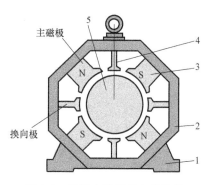

图 2-9　直流电动机换向极结构
1—机座　2—磁轭　3—主磁极
4—换向极　5—电枢

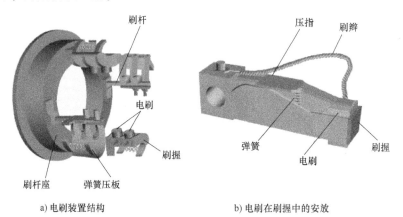

a) 电刷装置结构　　　b) 电刷在刷握中的安放

图 2-10　直流电动机电刷装置结构

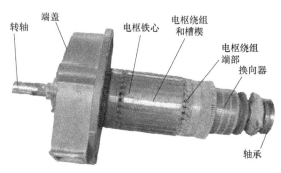

图 2-11　直流电动机转子结构

2）换向器：在发电机中，将电枢绕组组件中的交变电动势变换为电刷间的直流电动势；在电动机中，使外加直流电变换成电枢绕组组件中的交变电动势。直流电动机换向器结构如图 2-13 所示。

3. 铭牌

铭牌是直流电动机的重要标志，铭牌标示了直流电动机的型号以及相关的技术数据，如

图 2-12　直流电动机电枢铁心和绕组结构

图 2-14 所示。

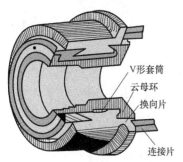

V形套筒
云母环
换向片
连接片

图 2-13　直流电动机换向器结构

图 2-14　直流电动机铭牌

额定功率：直流电动机在额定状态下长期运行时轴上输出的机械功率，单位为 kW。

额定电压：正常工作时加在直流电动机上的电源出线端电压值，单位为 V。

额定电流：电动机额定状态下运行时从电源输出的电流值，单位为 A。

额定转速：直流电动机在额定状态时的转子转速，单位为 r/min。

额定励磁电压：加在励磁绕组两端的额定电压。

额定励磁电流：额定状态运行时所需要的励磁电流。

励磁方式：直流电动机的励磁方式决定了励磁绕组和电枢绕组的接线关系，有他励、并励、串励、复励等。

工作制：直流电动机在额定状态运行时能持续工作的时间和顺序。工作制分 10 类，S1 为短时工作制。

二、直流电机的工作原理

1. 直流电机的工作原理

（1）直流发电机的工作原理

如图 2-15 所示，直流发电机的转子在外力作用下向反方向旋转，由右手定则，线圈 ab 边的感应电动势方向为由 b 指向 a，线圈 cd 边的感应电动势方向为由 d 指向 c。线圈内合成电动势为 $2Blv$。其中，B 为磁感应强度，单位为 T；L 为切割磁感线的导线长度，单位为 m；v 为导线垂直切割磁感线的速度（导线切割磁感线的速度在与 B 垂直方向的分量，单位为

m/s）。外电路中的电流方向为由电刷 A 经负载流向电刷 B。

当电枢转过 180°后，线圈 ab 边和 cd 边及换向片 1 和 2 的位置同时对调。线圈 ab 边和 cd 边上感应电动势的方向分别为由 a 指向 b 和由 c 指向 d，但此时电刷 A 已经与换向片 2 相接触，而电刷 B 变为与换向片 1 相接触，电刷极性不变。

单线圈直流发电机可以获得恒定方向的脉冲电动势和电流，波形如图 2-16 曲线 1 所示。如果电枢上均匀分布很多线圈，换向片数目也相应增加，电动势脉动将显著减少，波形如图 2-16 曲线 2 所示。

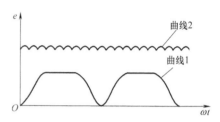

图 2-16　直流发电机电动势波形图

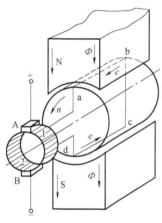

图 2-15　直流发电机工作示意图

直流发电机原理

右手定则：伸开右手，使拇指与其余四个手指垂直，并且都与手掌在同一平面内；让磁力线从手心进入，并使拇指指向导线运动方向，这时四指所指的方向就是感应电流的方向，这就是判定导线切割磁力线时力应电流方向的右手定则，如图 2-17 所示。

（2）直流电动机的工作原理

一个换向片经电刷 A 接到电源正极，另一个换向片经电刷 B 接到电源负极，电流从电刷 A 经一个换向片流入电枢线圈，然后经另一个换向片从电刷 B 流出，线圈 abcd 就成为一个载流线圈，它在磁场中必然受到电磁力 F 的作用。根据左手定则，在如图 2-18 中位置时，ab 边受到一个向左的力 F，cd 边受到一个向右的力 F，线圈 abcd 产生一个电磁转矩，从而使电枢沿逆时针方向旋转起来。

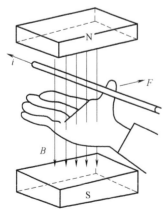

图 2-17　右手定则示意图

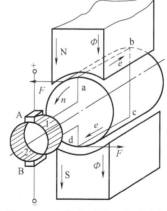

图 2-18　直流电动机工作示意图

直流电动机的工作原理

当电枢转过180°时，线圈 cd 边转到 N 极下，ab 边转到 S 极下。此时电流由电刷 A 通过换向片流入线圈，然后通过电刷 B 流出线圈。这时处在 N 极下的 cd 边中的电流方向应由 d 到 c，由左手定则判断 cd 边受力方向仍向左，处在 S 极下的 ab 边中的电流方向应由 b 到 a，其受力方向仍向右，线圈仍按逆时针方向旋转。这样通过电刷及换向片的作用，保证了在 N 极下的线圈边和在 S 极下的线圈边中的电流方向总是不变，因此线圈 abcd 所受电磁力的方向也总是不变，从而使电枢总是按着同一个方向继续旋转，电动机便可以带动机械负载工作。

左手定则：伸平左手，拇指方向与四指方向垂直，磁力线垂直穿过掌心，四指指向电流方向，拇指所指方向即为导体的运动方向，如图 2-19 所示。

2. 直流电动机的磁场

（1）主极磁场

主极磁场由励磁绕组通入励磁电流产生，如图 2-20 所示。

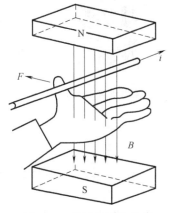

图 2-19　左手定则示意图

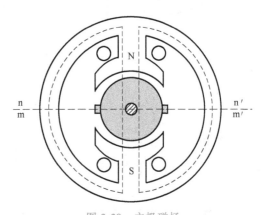

图 2-20　主极磁场

主极磁场

（2）电枢磁场

当电动机在负载下运行时，电枢绕组中有负载电流流过，电枢电流产生的磁场称为电枢磁场，如图 2-21 所示。

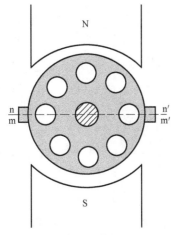

图 2-21　电枢磁场

电枢磁场

3. 直流电机的电枢反应

直流电机在负载下运行，主极磁场和电枢磁场同时存在，它们之间互相影响，电枢磁场对主极磁场的影响称为电枢反应。如图 2-22 所示。

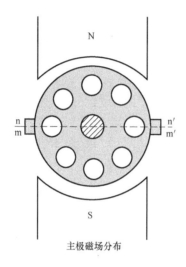

主极磁场分布

图 2-22　直流电机的电枢反应

直流电机电枢反应

4. 直流电动机的换向

直流电动机的某一个元件经过电刷，从一条支路换到另一条支路时，元件里的电流方向改变。

电刷与换向片 1 接触时，元件 1 中的电流方向如图 2-23 所示，大小为 $i = i_a$；电枢移到电刷与换向片 1、2 同时接触时，元件 1 被短路，电流被分流，如图 2-24 所示；电刷仅与换向片 2 接触时，元件 1 中的电流方向如图 2-25 所示，大小为 $i = i_a$。

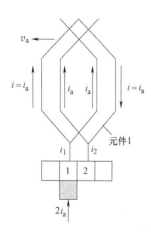

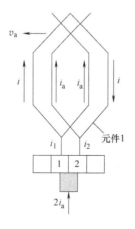

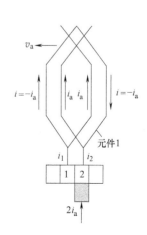

图 2-23　与换向片 1 接触　　图 2-24　与换向片 1、2 同时接触　　图 2-25　与换向片 2 接触

三、直流电动机的平衡方程式

1. 电枢电动势与电磁转矩

（1）电枢电动势

直流电动机电枢旋转时，绕组切割气隙磁场产生感应电动势。

绕组电动势是正负电刷之间的电动势，是每条支路中串联导体感应电动势的总和。由于支路中各导体分布在气隙磁场的不同位置，因此各导体的感应电动势不同。

导体的电枢电动势为

$$E_a = \frac{pN_a}{60a}\Phi_0 n = C_e \Phi_0 n$$

式中　N_a——电枢总导体数；

a——绕组的支路对数；

C_e——电动势常数，$C_e = \frac{pN_a}{60a}$；

Φ_0——主磁极每极的磁通量，单位为 Wb；

n——电动机转速，单位为 r/min。

（2）电磁转矩

直流电动机电枢绕组中流过电流时，每根导体都将与气隙磁场作用，从而产生电磁转矩。

导体的平均电磁转矩为

$$T_p = B_{fp} l i_a \frac{D_a}{2}$$

式中　B_{fp}——负载时的平均气隙磁通密度；

i_a——导体电流；

D_a——电枢直径。

总电磁转矩为

$$T_{em} = N_a B_{fp} l i_a \frac{D_a}{2}$$

2. 机械特性与平衡方程式

（1）机械特性

传动系统稳定因数包括电动机的机械特性和负载转矩特性。

机械特性：当电源电压、励磁电流 I_f 和电枢回路的电阻保持不变时，转速 n 与电磁转矩 T_{em} 之间的关系，如图 2-26 和图 2-27 所示。

固有机械特性：当电枢电阻 r_a 很小时，转速下降量并不大，并励直流电动机机械特性接近水平线，称为硬特性，也称为固有机械特性。

人为机械特性：电枢回路串接不同电阻 R_Ω 后的机械特性，称为人为机械特性。

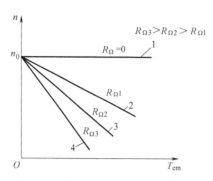

图 2-26　并励直流电动机的机械特性
1—固有机械特性　2、3、4—人为机械特性

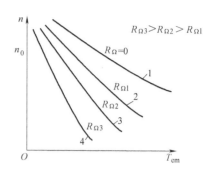

图 2-27　串励直流电动机的机械特性
1—固有机械特性　2、3、4—人为机械特性

（2）平衡方程式

直流电动机中，电枢电流与感应电动势的方向相反，电源电压 U 与感应电动势 E_a 和电枢压降 $I_a r_a$ 相平衡。

电动势平衡方程式为

$$U = E_a + I_a r_a$$

两边同时乘以 I_a，得

$$U I_a = E_a I_a + I_a^2 r_a$$

式中　$U I_a$——输入电动势的电功率 P_1；

　　　$E_a I_a$——电磁功率 P_{em}；

　　　$I_a^2 r_a$——电枢绕组上的铜耗 P_{Cu}。

转矩平衡方程式为

$$T_{em} - T_0 = T$$

式中　T_{em}——电磁转矩；

　　　T_0——空载转矩；

　　　T——电动机输出转矩。

四、直流电动机的起动与运行特性

1. 直流电动机的起动

起动：电动机从静止状态转动起来。

起动过程：电动机从静止状态运转到某一稳态转速的过程。

对电动机的基本要求：起动转矩要小；起动电流要小；起动设备要简单、经济、可靠。

（1）全压起动

全压起动是将电动机的电枢直接接到额定电压的电源。并励直流电动机全压起动过程中，电流 i_a 和转速 n 的变化关系如图 2-28 所示。

优点：操作简单，无须另加设备。

缺点：冲击电流大，引起换向困难，产生火花；电源会发生瞬时跌落；起动转矩为额定转矩的 10～20 倍，适用于容量很小的电动机。

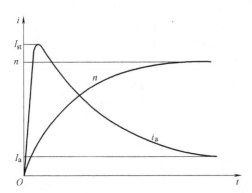

图 2-28 并励直流电动机全压起动时电流与转速的变化曲线

全压起动

（2）电枢回路串变阻器起动

电枢回路串变阻器起动就是起动时将一组起动电阻 R 串入电枢回路，以限制起动电流，待转速上升以后，再逐渐将起动电阻切除，如图 2-29 所示。

优点：适用于各种中、小型直流电动机。

缺点：变阻器比较笨重，起动过程中消耗很多电能。

起动电阻改变时直流电动机的机械特性如图 2-30 所示。

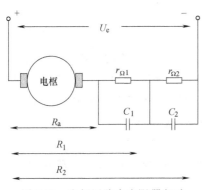

图 2-29 电枢回路串变阻器起动

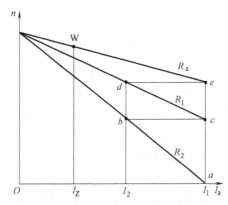

图 2-30 起动电阻改变时的机械特性

（3）减压起动

减压起动就是在起动时通过暂时降低电动机供电电压的方法来限制起动电流。减压起动要有一套可变电压的直流电源。这种方法适用于经常起动的大功率电动机。

（4）直流电动机的正反转

改变转向的方法：一是改变电枢电流方向，励磁电流方向不变；二是改变励磁电流方向，电枢电流方向不变。

并励直流电动机常用的改变转向的方法是保持磁场方向不变而改变电枢电流的方向，使电动机反转。

直流电动机正反转电气原理图如图 2-31 所示。

动作过程：起动时按下起动按钮 SB1，接触器 KM1 线圈得电，KM1 常开主触点闭合，使电动机正转。

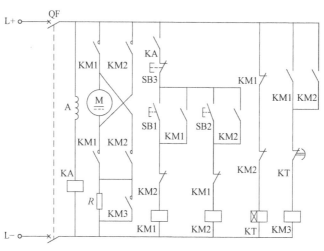

图 2-31　直流电动机正反转电气原理图

反转时先按下停止按钮 SB3，使触点复位。这时再按下反转起动按钮 SB2，KM2 触点动作，电动机反转。图 2-31 中，欠电流继电器 KA 用作失磁保护，KM3 用于短接电阻 R，使电动机正常运转，KT 为断电延时型时间继电器，用于控制 KM3 的通断，其时间为串电阻启动的时间。

2. 直流电动机的调速

调速是指在负载不变的情况下，通过改变相关参数，改变工作机构的速度。通过改变传动机构的传动比来改变工作机构的速度，称为机械调速。人为改变电动机的参数（如端电压、励磁电流或电枢回路），使同一机械负载得到不同的转速，称为电气调速。

常见的调速方式有电枢串电阻调速、调压调速、调磁调速三种。

（1）电枢串电阻调速

通过在电枢回路中串入电阻来改变速度。转子电路电阻改变时的机械特性如图 2-32 所示，R''_{ac}、R'_{ac}、R_{ac} 分别为电枢回路串入的电阻。

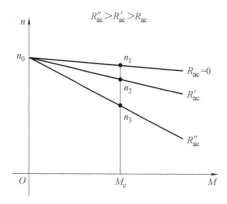

图 2-32　转子电路电阻改变时的机械特性

直流电动机调速

（2）调压调速

通过调节电枢两端电压进行调速。他励式电动机改变转子电压调速如图 2-33 所示，相应的机械特性如图 2-34 所示。

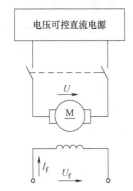

图 2-33 改变转子电压调速

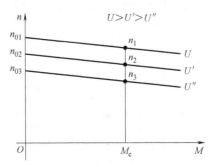

图 2-34 改变转子电压时的机械特性

（3）调磁调速

通过降低励磁电流，可以控制电动机速度。改变主磁通调速如图 2-35 所示，相应的机械特性如图 2-36 所示。

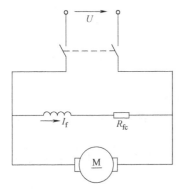

图 2-35 改变主磁通调速

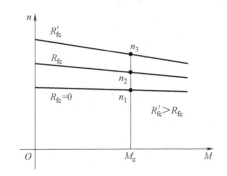

图 2-36 改变主磁通时的机械特性

3. 直流电动机的电气制动

直流电动机制动如图 2-37 所示，图中 I_a 为电枢电流，E_a 为电枢电动势，$\varPhi$ 为磁通，U_N 为电枢两端的额定电压。

制动定义：通过某种方法产生一个与拖动系统转向相反的转矩以阻止系统运动的过程。

制动作用：可以维持受位能转矩作用的拖动系统恒速运动。例如，起重类机械等能等速放下重物；列车等速下坡；拖车系统减速或停车。

电动状态：转速 n 与转矩 T_{em} 方向相同，T_{em} 为拖动转矩，I_a 与 E_a 方向相反，输入电能，输出机械能，机械特性在直角坐标系的第一、三象限。

制动状态：转速 n 与转矩 T_{emB} 方向相反，I_{aB} 与 E_a 方向相同，电机工作在发电状态。

电动机制动分为两大类，分别为机械制动和电气制动。

机械制动：产生与转子运行方向相反的由摩擦产生的阻力矩。

电气制动：通过电气控制，产生一个与电动机运行方向相反的电磁转矩。

电气制动常见的方法有反接制动（包括电源反接和倒拉反接）、能耗制动和回馈制动。

（1）反接制动

电源反接制动是指人为地改变转子电压极性（即反接），使转子电流反向的方法。这时，电磁转矩成为制动转矩，使电动机迅速减速至停止。电源反接制动如图 2-37 所示。

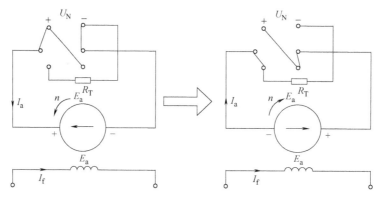

图 2-37　电源反接制动

图 2-37 中，保持 I_f 不变，将开关向下合闸，使电枢经制动电阻反接于电网上。

特点：由于极性与反电动势相同，转子电流很大，必须串联加大的制动电阻。另外，电动机停稳后应该及时切断电源，否则电动机将会反转。

能量关系：从电网吸收的电能和轴上输入的机械能都消耗在电枢回路的电阻上。

（2）倒拉反接制动

在起重系统中，直流电动机的电源电压及励磁电流均不变，在电枢回路中串入一较大的电阻，使直流电动机的拖动转矩小于负载自重转矩，负载倒拉着电动机反向运转。倒拉反接制动如图 2-38 所示。

图 2-38 中，电磁转矩的方向未变，但旋转方向改变，电动机便处于制动运转状态。

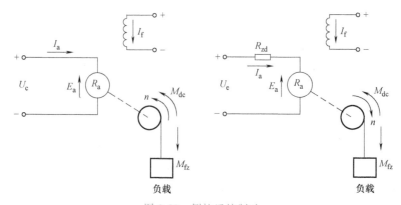

图 2-38　倒拉反接制动

（3）能耗制动

保持励磁电流 I_f 的大小及方向不变，如图 2-39 所示，将开关接至 R_T，电枢从电网脱离经制动电阻 R_T 闭合。

能耗制动过程如图 2-40 所示，图中 I_a 为电枢电流，E_a 为电枢电动势，$\varPhi$ 为磁通，U_N 为电枢两端的额定电压。

能耗制动中，电机实际上是一台他励直流发电机。轴上的机械能转换成电能，全部消耗在电枢回路的电阻上，所以称为能耗制动。

特点：操作简单，停车精准；能耗制动产生的冲击电流不会影响电网；低速时制动转矩小，停转慢；动能大部分都消耗在制动电阻上。

（4）回馈制动

为了节省能量，当电动机以调压方式运行拖动反抗性负载时，若突然降低电枢电压感应电动势来不及变化，使 $E_a > U$，电动机进入回馈制动运行状态，直到转速降低到新的理想空载转速 n_{02} 时，制动过程结束。这个制动过程属于回馈制动。如图 2-41 所示。

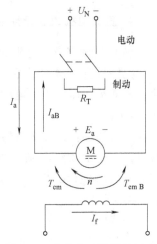

图 2-39 直流电动机能耗制动

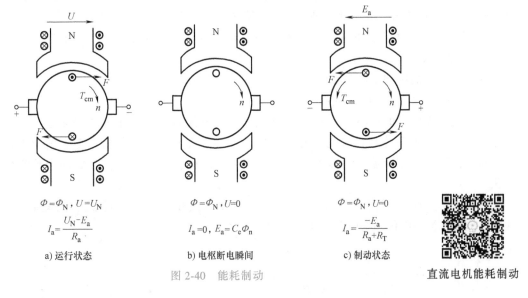

a) 运行状态

$\Phi = \Phi_N, U = U_N$

$I_a = \dfrac{U_N - E_a}{R_a}$

b) 电枢断电瞬间

$\Phi = \Phi_N, U = 0$

$I_a = 0, E_a = C_e \Phi n$

c) 制动状态

$\Phi = \Phi_N, U = 0$

$I_a = \dfrac{-E_a}{R_a + R_T}$

图 2-40 能耗制动

直流电机能耗制动

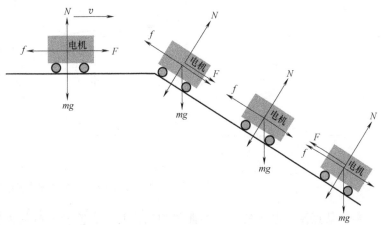

图 2-41 回馈制动

直流电机回馈制动

4. 直流电机的运行特性

（1）他励直流发电机的特性

他励直流发电机的励磁由其他直流电源供给，不随负载而变动，电枢电流等于电路电流，即 $I_a = I_0$。

空载特性：指转速为额定值 n_N 且发电机空载时，电枢电动势与励磁电流之间的关系 E_0-$f(Z_f)$。他励直流发电机的空载特性曲线如图 2-42 所示。

外特性：指在额定励磁电流 I_{fN} 下，负载电流变化时端电压的变化规律。

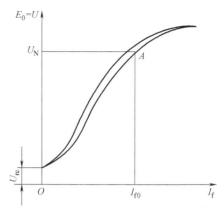

图 2-42　他励直流发电机空载特性曲线

他励直流发电机的外特性曲线是一条略微下垂的曲线。从电动方程式 $U = E - I_a R_a$ 及电动势公式 $E = C_e \Phi n$ 可知，引起发电机端电压下降的因素有两个：

1）负载后，电枢反应的去磁作用引起气隙磁通减少，使感应电动势 E 下降。

2）电枢回路中产生电阻压降 $I_a R_a$。

这两个因素的影响都随负载增大而增大，使特性曲线下垂。

（2）并励直流发电机的特性

并励直流发电机的自励过程如图 2-43 所示。当并励直流发电机电压尚未建立时，励磁电流 $I_f = 0$，先依靠发电机内部的剩磁建立剩磁电压。在剩磁电压的作用下，电枢电动势和端电压升高，使励磁电流进一步增加，磁场进一步增强，直至发电机建立一个恒定的直流电压。

并励直流发电机的外特性：指 $n = n_N$、$R_f = R_{fn}$ 时，负载电流和端电压之间的关系 $U = f(I)$。并励、他励直流发电机外特性曲线如图 2-44 所示。

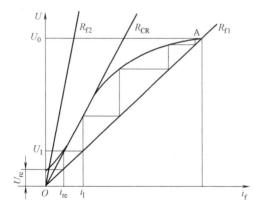

图 2-43　并励直流发电机的自励过程

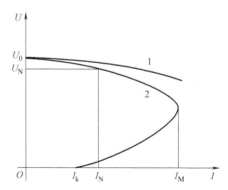

图 2-44　直流发电机的外特性曲线

1—他励直流发电机　2—并励直流发电机

由图 2-44 可知，与他励直流发电机的外特性曲线相比，并励直流发电机的外特性曲线有三个特性：曲线下垂较快；外特性曲线有"拐弯"现象；短路电流 I_k 较小。

（3）复励直流发电机的特性

复励直流发电机的主极上装有并励和串励两个励磁绕组，其原理电路如图 2-45 所示。

根据串励绕组的补偿程度，积复励发电机可分为平复励、过复励和欠复励三种。如图 2-46 所示，如果发电机在额定负载电流为 I_N 时，端电压 $U_N = U_o$，则称为平复励（曲线 2）；如果补偿有余（即 $U_N > U_o$）则为过复励（曲线 1）；如果补偿不足（即 $U_N < U_o$），则称为欠复励（曲线 3、曲线 4）。

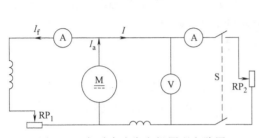

图 2-45 复励直流发电机原理电路图

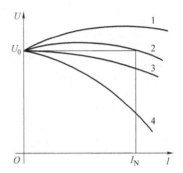

图 2-46 复励直流发电机的外特性
1—过复励 2—平复励 3—欠复励 4—欠复励

五、直流电机的故障检修

1. 电压不能建立

原因 1：并励绕组接反或并励绕组极性不对。

检修方式：调换并励绕组两引线头或在并励绕组中通直流电，用指南针检测，调整极性。

原因 2：并励绕组电路不通。

检修方式：用校验灯或万用表测量，拆开修理。

原因 3：并励绕组短路。

检修方式：用电压降法检查绕组的短路故障，并排除短路点。

2. 发电机电压过低

原因 1：他励绕组极性接反。

检修方式：可用指南针判断极性是否接错，重新接线。

原因 2：主磁极原有垫片未垫，气隙过大。

检修方式：拆开测量主磁极内径，垫上原有厚度垫片。

原因 3：串励绕组和并励绕组相互接错。

检修方式：拆开重新接线。

3. 轴承过热

原因 1：润滑脂变质。

检修方式：更换质量好的润滑脂。

原因2：轴承中有杂物。

检修方式：拆下清洗，并更换新润滑脂。

原因3：联轴器安装不当。

检修方式：重新调整，使两轴在一直线上。

【知识考核】

一、判断题

1. 直流电机按励磁方式可以分为他励式、并励式、串励式和单励式。（　　）

2. 直流电机由电枢铁心、电枢绕组及换向器等组成。（　　）

3. 直流电机可作电动机运行，又可作发电机运行。（　　）

4. 在直流电动机中，换向绕组与主极绕组串联。（　　）

5. 当磁通恒定时，直流电动机的电磁转矩和电枢电流成平方关系。（　　）

6. 直流电动机的机械特性是在稳定运行的情况下，电动机转速与电磁转矩之间的关系。（　　）

7. 励磁绕组反接法控制并励直流电动机正反转的原理：保持电枢电流方向不变，改变励磁绕组电流的方向。（　　）

8. 直流电动机采用电枢绕组回路中串接电阻调速时，转速随电枢回路电阻的增大而上升。（　　）

9. 直流电动机电磁转矩与电枢旋转方向相反时，电动机处于制动运行状态。（　　）

10. 直流发电机的运行特性有外特性和空载特性两种。（　　）

二、单相选择题

1. 直流电机按励磁方式可分为并励式、复励式、串励式和（　　）等。

A. 独励式　　　　　　B. 串并励式　　　　　　C. 他励式　　　　　　D. 单励式

2. 在直流电动机中产生换向磁场的装置是（　　）。

A. 主磁极　　　　　　B. 换向极　　　　　　C. 电枢绕组　　　　　　D. 换向器

3. 直流电动机的主极磁场是（　　）。

A. 主磁极产生的磁场　　　　　　　　　　B. 换向极产生的磁场

C. 电枢绕组产生的磁场　　　　　　　　　D. 补偿绕组产生的磁场

4. 对直流发电机和电动机来说，换向器作用不相同。对直流电动机来说，换向器的作用是（　　）。

A. 交流电动势、电流转换成直流电动势、电流

B. 直流电动势、电流转换成交流电动势、电流

C. 交、直流电动势、电流转换成交流电动势、电流

D. 直流电动势、电流转换成交直流电动势、电流

5. 由直流电机的工作原理可知，直流电机（　　）。

A. 可作电动机运行

B. 只可作电动机运行，不可作发电机运行

C. 可作发电机运行

D. 可作电动机运行，又可作发电机运行

6. 在直流电动机中，换向绕组应（　　）。

A. 与主极绕组串联

B. 与电枢绕组串联

C. 一组与电枢绕组串联，一组与主极绕组并联

D. 一组与主极绕组串联，一组与电枢绕组并联

7. 当电枢电流不变时，直流电动机的电磁转矩和磁通成（　　）关系。

A. 平方　　　　　　B. 反比　　　　　　C. 正比　　　　　　D. 立方

8. 直流电机的电磁转矩是由电枢电流和（　　）产生的。

A. 电枢电压　　　B. 磁通　　　　　C. 磁场电压　　　D. 励磁电压

9. 改变直流电动机转向，可采取（　　）的措施。

A. 同时改变电枢回路和励磁回路供电电压极性

B. 同时改变电枢电流和励磁电流方向

C. 仅改变电枢电流方向

D. 同时将电枢绕组和励磁绕组反接

10. 改变直流电动机转向有改变电枢电流和励磁电流方向等方法，由于（　　），一般都采用改变电枢电流方向，从而改变直流电动机转向。

A. 励磁绕组匝数较多，电感较大，反向磁通建立过程长

B. 励磁绕组匝数较少，电感较大，反向磁通建立过程长

C. 电枢绕组匝数较多，电感较大，反向磁通建立过程长

D. 电枢绕组匝数较少，电感较大，反向磁通建立过程长

11. 直流电动机采用电枢绕组回路中串电阻调速，具体为（　　）。

A. 电枢回路串接电阻增大、转速上升

B. 电枢回路串联电阻增大、转速下降

C. 电枢回路串联电阻增大、转速可能上升也可能下降

D. 电枢回路串联电阻减小、转速下降

12. 直流电动机采用改变励磁电流调速时，具体为（　　）。

A. 励磁电流减小，转速升高

B. 励磁电流减小，转速降低

C. 励磁电流增加，转速升高

D. 励磁回路串联附加电阻增加，转速降低

13. 直流电动机的电气制动方式有回馈制动、反接制动和（　　）三种。

A. 独立制动　　　B. 能耗制动　　　C. 串联电阻制动　　D. 电枢制动

14. 直流电动机在能耗制动过程中，电动机处于（　　），将能量消耗在电阻上。

A. 电动运行状态、将系统动能变为电能　　B. 电动运行状态、将系统电能变为动能

C. 发电运行状态、将系统电能变为动能　　D. 发电运行状态、将系统动能变为电能

15. 他励直流发电机的空载特性是指转速为额定值、发电机空载时，电枢电动势与（　　）之间的关系。

A. 端电压　　　　　　　　　　　B. 电枢电压

C. 励磁绕组两端电压　　　　　　D. 励磁电流

项目三

特种电机

项 目 目 标

知识目标

1. 了解常用特种电机的种类。
2. 了解常用特种电机的结构与原理。
3. 了解常用特种电机的用途。

技能目标

1. 能掌握常用特种电机的特点及应用。
2. 能正确分析常用特种电机的机械特性、掌握基本维修方法等。

情感目标

1. 培养学生善于思考的能力，激发学生的学习兴趣。
2. 培养学生严谨细致、一丝不苟的学习态度。

[活动指导]

活动一　认识步进电动机

【新课导入】

步进电动机又称脉冲电动机，其控制流程如图 3-1 所示，是一种将电脉冲转化为角位移的执行机构，转化过程如图 3-2 所示。步进电动机的功能是将脉冲电信号变换为相应的角位移和直线输出，其实物如图 3-3 所示。

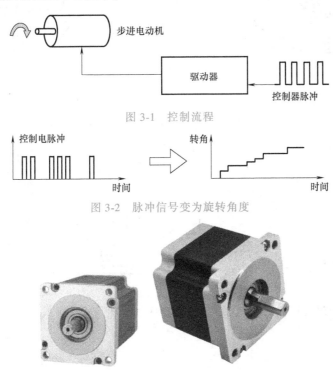

图 3-1　控制流程

图 3-2　脉冲信号变为旋转角度

图 3-3　步进电动机实物图

【知识巩固】

一、步进电动机的分类及基本结构

1. 分类

（1）反应式步进电动机

定子上有绕组，转子由软磁材料制成，如图 3-4 所示。

它的特点：结构简单、成本低、步距角小；但动态性能差、效率低、发热大，可靠性难保证。

（2）永磁式步进电动机

转子用永磁材料制成，转子的极数与定子的极数相同，如图 3-5 所示。

它的特点：动态性能好、输出力矩大，单电机步距精度差，步距角大。

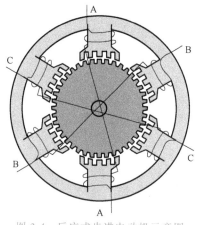

图 3-4　反应式步进电动机示意图

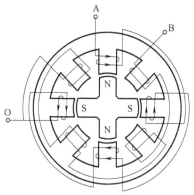

图 3-5　永磁式步进电动机示意图

（3）混合式步进电动机

定子上有多相绕组，转子采用永磁材料制成，转子和定子上均有多个小齿轮提高步距精度，如图 3-6 所示。

它的特点：输出力矩大、动态性能好，步距角小，但结构复杂，成本相对较高。

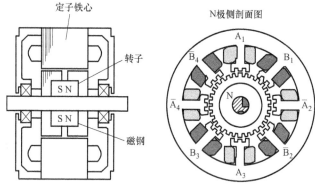

图 3-6　混合式步进电动机示意图

2. 步进电动机结构

步进电动机结构如图 3-7 所示，由定子和转子两大部分组成，定子和转子实物如图 3-8 和图 3-9 所示。

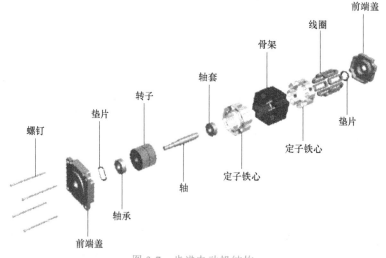

图 3-7　步进电动机结构

图 3-8 定子实物图

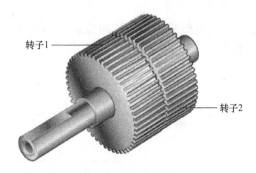

图 3-9 转子实物图

二、步进电动机的工作原理、控制系统和技术指标

1. 工作原理

当绕组中通入直流电或脉冲时，转子被定子磁场磁化，磁场力将转子轴线拉直同通电绕组轴线重合。同时，由于转子只受通电绕组的拉力作用而具有自锁能力，要使步进电动机继续转动，必须立即切换通电绕组。每转动一步，转子可以准确自锁，避免发生错位。

反应式步进电动机工作原理如图 3-10 所示。

2. 控制系统

步进电动机控制系统由控制器、驱动器和执行元件三大部分组成，如图 3-11 所示。

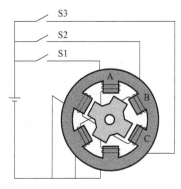

图 3-10 反应式步进电动机工作原理

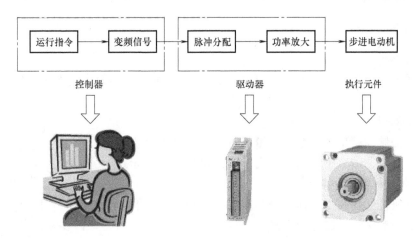

图 3-11 控制系统示意图

（1）控制器

控制器由指令系统和变频脉冲发生系统组成。由指令系统发出的速度和方向指令，控制脉冲发生系统产生相应频率的脉冲信号和高、低电平的方向信号。

（2）驱动器

步进电动机的驱动器由脉冲分配器和驱动放大器组成，如图 3-12 所示。驱动器实物如图 3-13 所示。

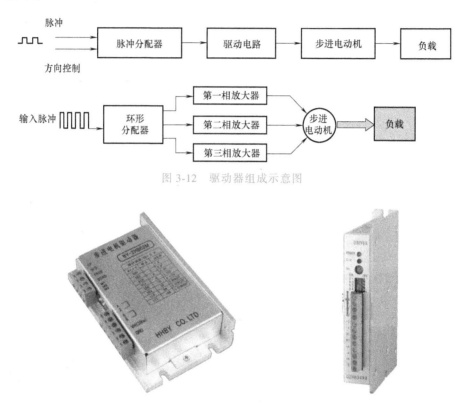

图 3-12　驱动器组成示意图

图 3-13　驱动器实物图

3. 技术指标

（1）步距角

从一相通电换接到另一相通电，转子转过一个步距角，一般为 0.50°～30°，如图 3-14 所示。

（2）矩频特性

动态转矩与脉冲频率的关系称为矩频特性。步进电动机的动态转矩即电磁力矩，随频率升高而急剧下降，如图 3-15 所示。

（3）起动频率与起动特性

步进电动机能够不失步起动的最高频率。起动频率随着负载大小而变化，负载越大，起动频率越低。

起动特性包括起动矩频特性和起动惯频特性。

起动矩频特性：在给定的驱动条件下，负载惯量一定时，起动频率与负载转矩之间的关系称为起动矩频特性，如图 3-16 所示。

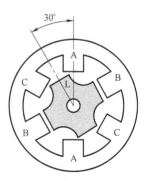

图 3-14　步距角

起动惯频特性：负载力矩一定时，起动频率与负载惯量之间的关系称为起动惯频特性，如图 3-17 所示。

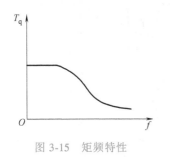

图 3-15　矩频特性

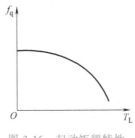

图 3-16　起动矩频特性

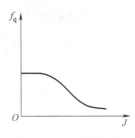

图 3-17　起动惯频特性

（4）连续运行频率

连续运行时，若输入脉冲频率逐渐升高仍能保证不丢步运行的极限频率，称为连续运行频率，又称为最高连续频率或最高工作频率，记作 f_{max}。连续运行频率远大于起动频率 f_q，这是由于起动时有较大的惯性转矩并需要一定加速时间的缘故。

（5）最大静态转矩

最大静态转矩 T_{max} 是指在某相始终通电、转子不动时，步进电动机所能承受的最大负载转矩。最大静态转矩反映了步进电动机的带负载能力和工作的快速响应特性。T_{max} 值越大，电动机带负载能力越强，快速响应特性越好。矩角特性如图 3-18 所示。

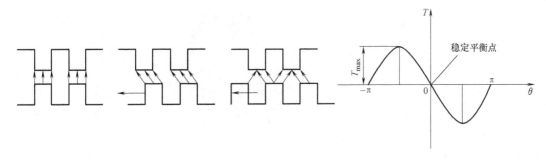

图 3-18　矩角特性

三、步进电动机的应用

步进电动机作为执行元件，广泛应用于各种自动化控制系统和生产实践领域。它最大的应用是在数控机床的制造中，能够直接将数字脉冲信号转化成角位移。例如，步进电动机用作数控机床进给伺服机构的驱动电动机，开环进给伺服系统如图 3-19 所示。

数控机床在加工零件时，根据零件的加工要求和加工工序编制计算机程序指令，并将该程序指令输入计算机，计算机对步进电动机给出相应的指令脉冲，控制步进电动机按照加工的要求依次做各种运动，如起动、停止、加速、减速、正转、反转等，然后步进电动机再通过齿轮、丝杠等带动机床运动。

除了在数控机床上的应用，步进电动机也可以应用于其他的机械、数-模转换装置、计算机外围设备、自动记录仪、钟表等，另外在工业自动化生产线、印刷设备中也有应用。

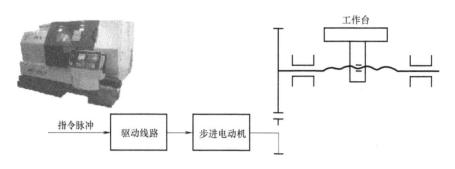

图 3-19　开环进给伺服系统

活动二

【新课导入】

伺服电动机是指在伺服系统中控制机械元件运转的发动机，是一种补助电动机间接变速装置，实物如图 3-20 所示。

伺服电动机在自动控制系统中用作执行元件，可使控制速度和位置精度非常准确。伺服电动机将输入的电压信号转换为角位移或角速度去驱动控制对象，可分为交流伺服电动机和直流伺服电动机两种。

伺服电动机广泛应用于 ATM 机、喷绘机、刻字机、写真机、喷涂设备、医疗仪器及设备、计算机

图 3-20　伺服电动机实物图

外设及海量存储设备、精密仪器、工业控制系统、办公自动化、机器人等领域。另外在电脑绣花机等纺织机械设备中也有着广泛的应用。

【知识巩固】

一、交流伺服电动机

1. 基本结构

（1）定子

与一般单相异步电动机的定子相似。但定子绕组多制成两相，一个励磁绕组，一个控制绕组，两相绕组在空间位置上相差 90°，实物如图 3-21 所示。

（2）转子

分为笼型和非磁性杯型两种，如图 3-22 和图 3-23 所示。

笼型转子的铁心槽内嵌放铜条，端部用短路环形成一体，或铸铝形成转子绕组。

非磁性杯型转子呈薄壁圆筒形，放于内外定子之间，一般壁厚为 0.3mm。

2. 基本工作原理

改变加在控制绕组上电流的大小或相位差，使电动机工作在不对称状态，圆形旋转磁场变为椭圆形旋转磁场，使电动机的转速下降。椭圆形旋转磁场的圆度随控制电压的大小或相位而变化，旋转磁场的圆度不同，电动机的转速就不同。

交流伺服电动机的工作原理如图 3-24 所示。

图 3-21　定子实物图

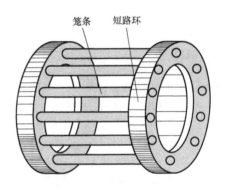

图 3-22　笼型转子

图 3-23　非磁性杯型转子

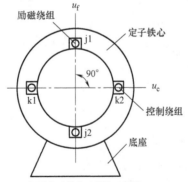

图 3-24　交流伺服电动机工作原理示意图

工作原理：
交流伺服电动机是通过对称的两相电流产生旋转磁场，旋转磁场与转子的相对运动在转子导体中产生感应电流，感应电流与旋转磁场的相互作用产生转矩，使转子旋转。

3. 机械特性

机械特性：当定子电压和频率为定值时，电磁转矩 T 与转速 n 之间的关系。

作为伺服机，交流伺服电动机除了必须具有线性度很好的机械特性和调节特性外，还必须具有伺服性，即控制信号电压强时，电动机转速高；控制信号电压弱时，电动机转速低；若控制信号电压等于零，则电动机不转。

交流伺服电动机伺服特性如图 3-25 所示。

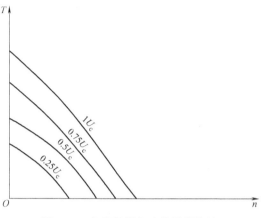

图 3-25　交流伺服电动机伺服特性

4．编码器

编码器：安装在电动机后端，其光栅与电动机同轴，伺服电动机控制精度取决于编码器精度。编码器的组成如图 3-26 所示。

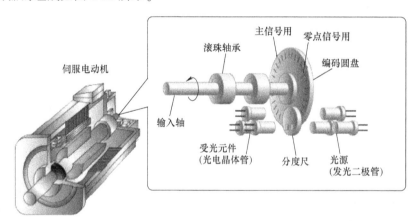

图 3-26　编码器的组成

工作原理：伺服电动机输出轴上装有玻璃制的编码圆盘。圆盘上印制有能遮住光的黑色部分。圆盘两侧有一对光源和受光元件，中间有一个分度尺，如图 3-27 所示。圆盘转动时，遇到玻璃透明的地方光会通过，遇到黑色的条纹光会被遮住。受光元件将光的有无转变为电信号后就变成了脉冲（反馈脉冲）。圆盘上的条纹密度等于伺服电动机的分辨率，即每转的脉冲数，根据条纹可以掌握圆盘的转动量。同时，表示转动量的条纹中还有表示方向的条纹，以及表示每转基准的条纹——零点条纹，

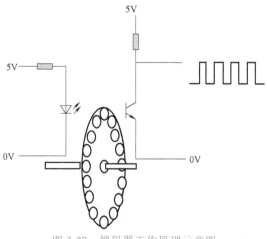

图 3-27　编码器工作原理示意图

此条纹每转输出一次，称为零点信号。根据这三种条纹，即可以掌握伺服电动机的位置、转动量和转动方向。

二、直流伺服电动机

1. 基本结构

直流伺服电动机分为电磁式和永磁式两种，如图 3-28 和图 3-29 所示。

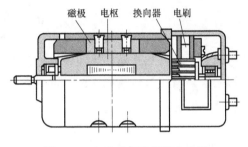

图 3-28　电磁式直流伺服电动机

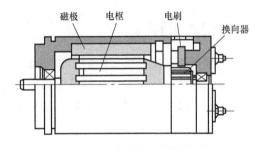

图 3-29　永磁式直流伺服电动机

直流伺服电动机与普通他励式和永磁式直流电动机结构基本相同。不同之处在于，由于伺服电动机电枢电流很小，换向并不困难，因此，直流伺服电动机都不装换向极，并且转子做的细长，气隙较小。

2. 基本工作原理

当控制绕组收到控制信号时，控制绕组中的信号电流与励磁磁通作用产生转矩，使电动机旋转；当信号电流消失时，电动机即停止转动。

直流伺服电动机工作原理如图 3-30 所示。

3. 控制方式

（1）电枢控制

在励磁回路上加恒定不变的励磁电压 U_f，在电枢绕组加控制信号。当电动机的负载转矩 T_L 不变时，升高电枢电压 U_a，电动机的转速升高；当电枢电压改变极性时，电动机反转，电枢控制接线图如图 3-31 所示。

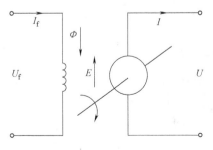

图 3-30　直流伺服电动机工作示意图

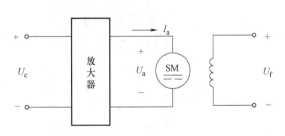

图 3-31　电枢控制接线图

电枢控制的特点：机械特性线性度较好，损耗较小，电磁惯性小，响应速度比磁极控制快。

（2）磁场控制

在电枢绕组加恒定电压 U_c，而在励磁回路上加控制电压信号。

【新课导入】

测速发电机将旋转机械能的转速变换成电压信号输出，在自动控制系统和计算机装置中常用作测速元件、校正元件和解算元件。测速发电机的输出电压与转速成正比，可分为直流测速发电机、交流测速发电机、霍尔效应测速发电机。

控制要求：

1）输出电压与被测机械转速保持严格正比关系，应不随外界条件的变化而改变。

2）发电机的转速惯量应尽量小，以保证反应迅速，快捷。

3）发电机的灵敏度要高。

测速发电机实物如图 3-32 所示。

【知识巩固】

一、交流测速发电机

1. 基本结构

图 3-32　测速发电机实物图

交流异步测速发电机分为笼型转子和杯型转子，具有输出斜率大、线性度差、相位误差大、剩余电压高等特点。

杯型转子交流异步测速发电机由转子、外定子、内定子、机壳、端盖等组成。定子上嵌放有两组绕组，一组为励磁绕组，另一组为输出绕组，两组绕组在空间位置上相差 90°。如图 3-33 所示。

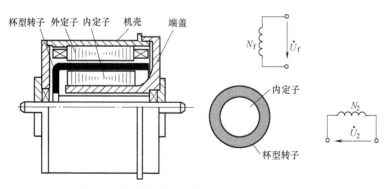

图 3-33　杯型转子交流测速发电机结构示意图

2. 基本工作原理

当 N_f 上施加频率为 f 的励磁电压 U_1 以后，在气隙上就产生一个频率为 f 的脉动磁通 Φ_1，其轴线与绕组 N_f 的轴线一致。

当转子静止时，磁通 Φ_1 的轴线与绕组 N_2 的轴线相互垂直，N_2 内不产生感应电动势。当转子转动时，转子就切割磁通 Φ_1 产生感应电动势和电流。由于 Φ_2 的轴线与 N_2 的轴线相重合，因此，N_2 中感应出频率为 f 的输出电压 U_2。交流测速发电机工作示意图如图 3-34 所示。

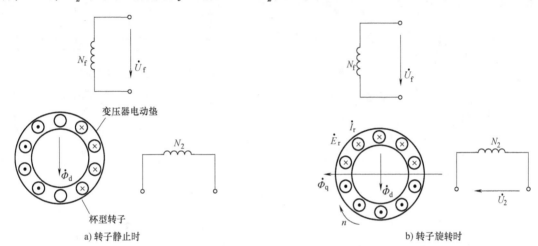

图 3-34 杯型转子交流测速发电机工作示意图

二、直流测速发电机

1. 基本结构

直流测速发电机用于测量小型直流发电机，在自动控制系统中作反馈元件。按照定子励磁方式可分为永磁式和电磁式，实物如图 3-35 所示。

a) 永磁式直流测速发电机　　　　　　b) 电磁式直流测速发电机

图 3-35 直流测速发电机实物图

与直流电动机相似，直流测速发电机由定子、转子、电刷和换向器组成。转子（电枢）、定子（磁极）常采用永磁体。基本结构如图 3-36 所示。

2. 基本工作原理

发电机 TG 内部磁场恒定，被测机械拖动发电机以转速 n 旋转，电刷两端产生的空载感应电动势 E_0 为：$E_0 = C_e \Phi n$，其中 C_e 为电动机电动势常数。

当有负载时，便有电流 I_a 通过，则在负载、电枢电阻、电刷接触电阻上均引起电压降，输出电压 U 与转速 n 呈线性关系，直流测速发电机工作示意图如图 3-37 所示。

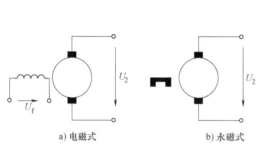

图 3-36 直流测速发电机基本结构

a) 电磁式 b) 永磁式

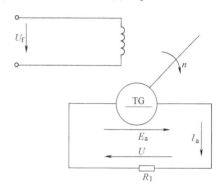

图 3-37 直流测速发电机工作示意图

活动四

【新课导入】

直线电动机是直接产生直线运动的电磁装置。它减少了从旋转到直线运动的中间传动结构，结构简化，精度提高。

直线电动机分类：

1）按原理可分为直线直流电动机、直线感应电动机、直线同步电动机、步进直线电动机；

2）按结构可分为扁平型、圆筒型、圆盘型；

3）按初级数量可分为单边型、双边型。

直线电动机实物如图 3-38 所示。

图 3-38 直线电动机实物图

【知识巩固】

一、直线电动机工作原理

一台普通的旋转异步电动机沿径向剖开，并将定子、转子圆周展开成直线，该电动机就成为一台直线异步电动机。由定子演变而来的一侧称为初级，由转子演变而来的一侧称为次级。

直线电动机初级三相绕组中通入三相交流电后，将产生气隙磁场，气隙磁场沿直线方向呈正弦分布且按 U、V、W 的相序直线移动。

改变任意两相绕组与电源的接线顺序即可改变直线电动机的运动方向，工作示意图如图 3-39 所示。

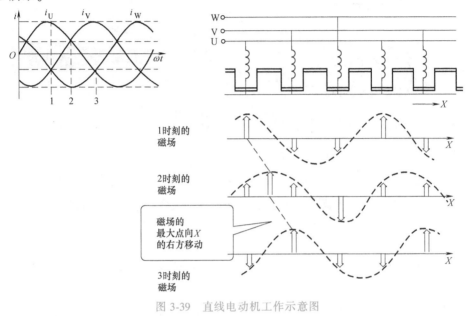

图 3-39　直线电动机工作示意图

二、直线电动机结构与特点

1. 结构

直线电动机主要有扁平型和管型两种结构形式。

扁平型直线电动机主要由初级和次级组成，同时，根据初级和次级之间长度的不同，可分为短初级和短次级两类，如图 3-40 所示。

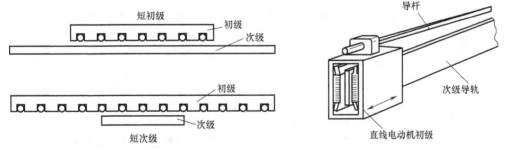

图 3-40　扁平型直线电动机

实际中，直线电动机可制成初级固定、次级移动的结构，或者次级固定、初级移动的结构。

如果将扁平型直线异步电动机的初级和次级卷曲起来，就形成了管型直线异步电动机，如图 3-41 所示。

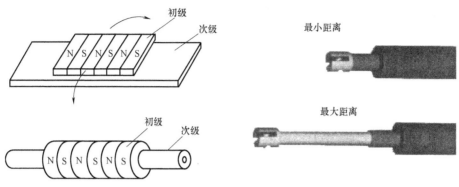

图 3-41 管型直线电动机

2. 特点

（1）结构简单

直线电动机不需要把旋转运动变成直线运动的附加装置，因而使得系统本身结构大大简化，重量和体积大大减少，运动惯量减少。

（2）定位精度高

在需要直线运动的地方，直线电动机可以实现直接传动，因而可消除中间环节所带来的各种定位误差，定位精度高。

（3）反应速度快、灵敏度高、随动性好

直线电动机可以实现次级用磁悬浮支撑，因而使得次级和初级之间始终保持一定的气隙而不接触，消除了次级、初级之间的接触摩擦阻力，减小了机械损耗和噪声，大大提高了系统的灵敏度、快速性和随动性。

（4）工作安全可靠，寿命长

直线电动机可以实现无接触传递力，机械摩擦损耗几乎为零，故障小，免维修，因而安全可靠，寿命长。

（5）适应性强

直线电动机运行时，它的零部件和传动装置不会像旋转电动机那样受到离心力的作用，因而其速度不会受到限制，而且可以设计多种结构形式，满足不同情况的需要。

三、直线电动机的应用

1. 数控机床

传统的传动从动力源的电动机到工作部件要通过齿轮、联轴器、离合器等中间环节，会产生较大的弹性变形、摩擦、振动、噪声及磨损。直接传动取消了从电动机到工作部件之间的中间环节，而直线电动机的出现使直接传动变为现实，如图 3-42 所示。

2. 轨道交通运输

吸引式磁悬浮列车下部装有悬浮磁铁，如图 3-43 所示，轨道对应上方装有钢板，给悬浮磁铁励磁，产生吸力，使机车上移，机车本身重量往下运动，用传感器测定机车与轨道间的间隔，并控制悬浮磁铁中的励磁电流，使机车与轨道间保持一定间隔，机车用直线电动机推进。

图 3-42　直线电动机应用——数控机床

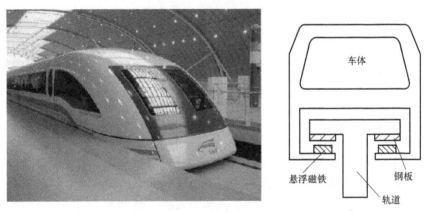

图 3-43　直线电动机应用——磁悬浮列车

超导斥浮型磁悬浮列车如图 3-44 所示，超导线圈装在车体上，推进、悬浮、导向功能的各种线圈装在地面轨道。借助线圈的作用，使车体上的超导线圈产生推进、悬浮、导向力。

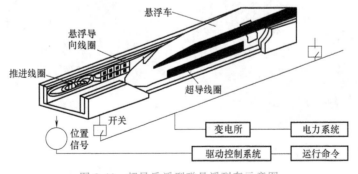

图 3-44　超导斥浮型磁悬浮列车示意图

3. 自动门

宾馆、商场等处广泛使用的自动门也采用直线电动机驱动，如图 3-45 所示，它与旋转电动机驱动相比，有结构简单、维修方便、噪声小、成本低、节能等优点。

图 3-45　直线电动机应用——自动门

活动五

【新课导入】

在自动控制系统中，控制信号的功率或电压往往很小。不足以直接驱动执行机构动作，因此需要通过放大机来提高它的功率或电压以驱动执行机构，完成自动控制任务。电机放大机是自动控制系统中极为重要的元件之一，其实物如图 3-46 所示。

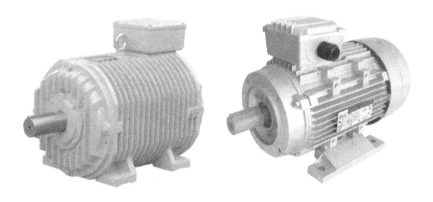

图 3-46　电机放大机实物图

讨论

电机放大机的使用要求有哪些？一般在什么情况下使用电机放大机？电机放大机有哪些特点？

【知识巩固】

一、基本结构

1. 基础认知

电机放大机是一种借助外源输入的功率，将微弱的输入控制信号高倍放大成较强的同性质的电输出功率的装置。

电机放大机是一种旋转式放大元件，主要用作功率放大，通常由原动机带动，在恒转速下运转。它可以使控制系统连续、自动完成电动机的起动、反转、调速及发电机的调压等工作。

按主要工作磁场所在轴线来分，电机放大机可分为直轴磁场电机放大机和交轴磁场电机放大机两类。

自控系统对电机放大机的要求：放大系数要大；时间常数要小，即要求能快速动作以改善系统的动态特性；具有一定的过载能力，以适应过渡过程的中段过载的要求，并加速过渡过程的进行；特性稳定，工作可靠。

2. 基本结构

交磁电机放大机组由笼型异步电动机和交磁电机放大机组成。

交磁电机放大机的定子铁心由硅钢片叠压而成，定子结构如图 3-47 所示。

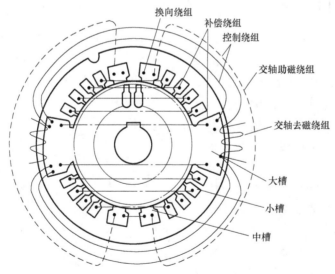

图 3-47　电机放大机定子结构

钢片上冲有大、中、小三种槽形，两个大槽内嵌放控制绕组和补偿绕组的一部分；中槽内嵌放换向绕组及交轴助磁绕组；小槽内嵌放补偿绕组和补偿绕组的一部分；两个大槽之间的轭部绕有交流去磁绕组；两个大槽之间的铁心形成一对磁极；四个中槽之间的铁心形成一对换向极。

电枢上嵌有单叠绕组，换向器上装有在空间相互垂直的直轴和交轴两对电刷。两对电刷装在同一刷杆座上，轴向位置可以通过刷杆座进行调节。

二、工作原理

交磁电机放大机是一种具有共磁系统的两极放大他励式直流发电机，是利用交轴电枢磁场作为第二极的主磁场的放大机，其工作示意图如图 3-48 所示。

励磁控制绕组加电压时，会产生一个磁通 Φ_1；电枢绕组逆时针旋转切割磁场时，在交轴电刷 q-q 两端感应产生交轴电动势 E_2，在交磁电机放大机中这是第一级放大，功率较小。交轴电动势 E_2 在交轴回路内产生一个相当大的交轴矩路电流 I_2，该电流在电枢绕组中将产生一个很强的交轴磁通 Φ_2，并在直轴电

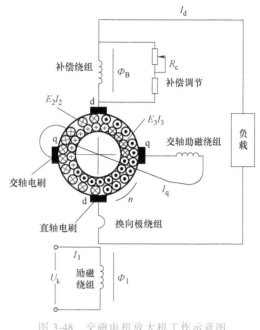

图 3-48 交磁电机放大机工作示意图

刷 d-d 两端得到一个经过两极放大的直轴电动势 E_3，这就是交磁电机放大机的第二级放大。

因交轴回路短路，很小的励磁功率和安匝磁动势就可以产生较大的交轴电流和磁动势。因此，交磁电机放大机的放大系数很大。

三、空载特性和外特性

1. 空载特性

当额定转速不变时，交磁电机放大机的空载输出电压 U_{d0} 随控制绕组磁动势 F_k 的变化关系称为交磁电机放大机的空载特性。

交磁电机放大机的空载特性曲线不是单值曲线，而是一个回线，如图 3-49 所示。

空载特性的非单值性必然导致外特性的非单值性，从而造成交磁电机放大机工作不稳定。另外，回线面积越大，剩磁电压也越大，当无控制信号时，交磁电机放大机仍输出足够大的电动势，以致产生误动作，因此必须采取一定的措施来减小空载特性的回线面积。

2. 外特性

当电动机以额定转速驱动交磁电机

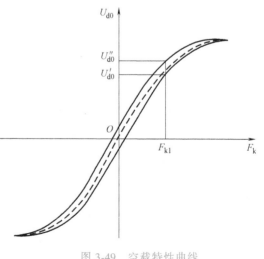

图 3-49 空载特性曲线

放大机，放大机控制绕组电流 I_k 为常数时，输出电压 U_d 随输出电流 I_d 变化的关系称为交磁电机放大机的外特性。

交磁电机放大机的输出电流 I_d 等于它的负载电流。当交磁电机放大机负载为电阻 R_L 时，改变 R_L 值就会改变 I_d；当交磁电机放大机负载为伺服电动机时，改变伺服电动机的负载转矩，就会改变伺服电动机的电枢电流，亦即改变输出电流 I_d。

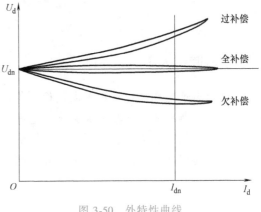

交磁电机放大机的外特性是一个回线，如图 3-50 所示，外特性的硬度取决于补偿绕组磁动势 F_B 对直轴去磁磁动势的补偿程度。补偿越强，外特性越硬；补偿越弱，外特性越软。

全补偿：补偿绕组的磁动势恰好和直轴去磁磁动势相抵消。

过补偿与欠补偿：补偿的磁动势大于去磁磁动势，称为过补偿；反之，称为欠补偿。

图 3-50　外特性曲线

四、应用与维护

交磁电机放大机的应用和维护应注意以下事项：

（1）正确地确定电刷位置

电刷位置对交磁电机放大机的性能有明显的影响。交磁电机放大机在出厂时，制造厂对电刷的位置做了明显的标记，调整电刷位置时要注意尽量不要偏移过多。

（2）恰当地调节外特性的硬度

制造厂保证电压变化率为 30%（即 $U_{dn} \sim 1.3U_{dn}$）时，控制电流 I_k 由 0 到额定值 I_{dn} 的范围内，交磁电机放大机全部外特性不上翘，并对补偿绕组调节电阻的触头位置做了明显的标记，如图 3-51 所示。用户为了满足系统的要求，可以通过改变补偿绕组调节电阻来改变外特性的硬度，但对因外特性过硬可能引起的负载自励要有充分的保护。

（3）适当施加交流去磁绕组的电压

交流去磁绕组电压过高或过低对削弱剩磁都不理想，一般剩磁电压 U_{sc} 取 $2 \sim 5V$ 为宜，相应的交流去磁绕组电压 U_{qe} 如图 3-52 中的 AB 所示。

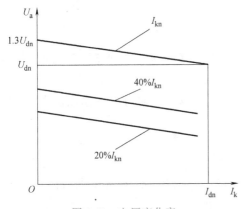

图 3-51　电压变化率

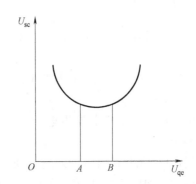

图 3-52　剩磁电压与交流去磁绕组电压的关系

国产的 ZKK3J 型、ZKK5J 型、ZKK12J 型交磁电机放大机的去磁绕组在电机内部已经连接，不需要再拉线供电；而 ZKK25 型以上的交磁电机放大机去磁绕组则由用户自己拉线，适当施加交流 50Hz 电压。

活动六

【新课导入】

电磁调速电动机也称转差电动机，如图 3-53 所示，是一种交流恒转矩调速电动机，通过晶闸管控制可实现交流无极调速，适用于恒转矩负载的各种机械设备，在矿山、冶金、纺织、化工、造纸、印染、水泥等行业领域得到广泛应用。当电磁调速电动机用于变负荷的风机、水泵时以转速控制代替传统的节流控制，可取得显著的节能效果。

图 3-53　电磁调速电动机实物图

【知识巩固】

一、基本结构

1. 基础认知

电磁调速电动机是一种交流恒转矩调速电动机，通过晶闸管控制可实现交流无极调速。

电磁调速电动机通过控制器可以在较大范围内进行无级平滑调速，调速比通常有 20∶1、10∶1、3∶1 等。

电磁调速电动机由异步电动机、电磁转差离合器、测速发电机及其控制器组成，如图 3-54 所示。

国产的 YCT 系列电磁调速电动机是统一设计的，是取代 JZT 系列电动机的更新产品，其型号含义如图 3-55 所示。

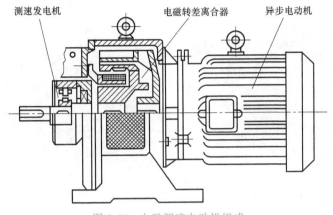

图 3-54 电磁调速电动机组成

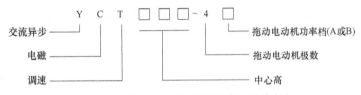

图 3-55 YCT 系列电磁调速电动机型号含义

2. 基本结构

整体式结构：将异步电动机与电磁转差离合器组装在一个机壳内成为一个整体，原动机转子部分套在空心轴上，空心轴通过轴承装在电动机两端盖上。

采用整体式结构的电磁调速电动机由三相交流笼型异步电动机、电磁转差离合器、测速发电机及控制装置等组成，如图 3-56 所示。这种调速电动机的型号有 JZTT（JZTT2）系列、JZT2（JZT）系列 8-9 号机座。

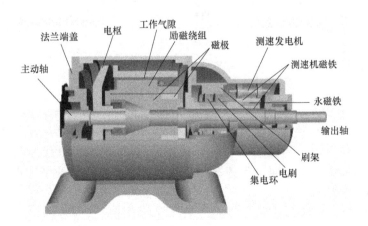

图 3-56 整体式结构的电磁调速电动机

组合式结构：以中小型电动机组合而成的组合式结构如图 3-57 所示。这种调速电动机的型号有 YCT 系列和 JZT2（JZT）系列 1-7 号机座。

图 3-57 组合式结构的电磁调速电动机实物图

3. 离合器结构

针对不同的应用范围，电磁转差离合器的结构也有所不同，常见有三种类型。

（1）双电枢式

双电枢式电磁转差离合器的电枢由内电枢和外电枢两部分组成。励磁绕组固定在机壳的内腔，不需要集电环和电刷。励磁绕组通电后，产生的磁通路径如图 3-58 中虚线所示。当原电动机带动磁极旋转时，磁路上磁阻的周期性变化引起电枢内各点磁通密度的周期性变化，在电枢内产生涡流，从而产生电磁转矩，带动从动轴旋转。

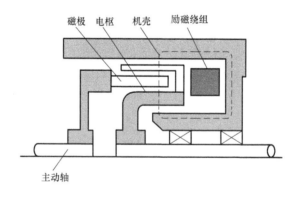

图 3-58 双电枢式离合器结构

（2）杯型转子式

杯型转子式电磁转差离合器的电枢由重量很轻的非磁性材料制成，形状像一个薄壁杯子，装在磁极与磁轭之间的气隙中，与从动轴相连，磁极与原动机相连，励磁绕组固定在磁轭内腔，没有集电环和电刷，如图 3-59 所示。这种离合器的从动轴惯性小、动作快，适合在自动控制系统中作执行元件。

（3）爪极式

爪极式电磁转差离合器的电枢为圆筒形，装在主动轴上。磁极为爪式结构，两个爪形磁极之间用不导磁的不锈钢隔磁环隔开，并用铆钉铆成一个整体装在从动轴上。托架为圆环形，固定在端盖上，用以支承励磁绕组，并作为磁路的一部分，如图 3-60 所示。目前 10kW 以上的电磁调速异步电动机大多采用这种离合器。

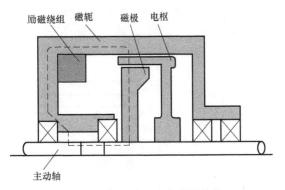

图 3-59 杯型转子式离合器结构

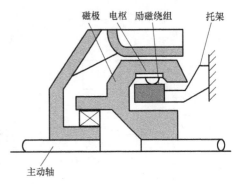

图 3-60 爪极式离合器结构

二、工作原理

电磁调速电动机的无极调速主要是通过电磁转差离合器来实现，其工作示意图如图 3-61 所示。

当磁极上通过直流励磁电流时，产生固定的磁极。异步电动机拖动电枢旋转，电枢就切割磁力线，从而产生涡流。如果将电枢看作不动，相当于固定的磁极在空间转动。电枢作为载流导体处在磁场中，受到电磁力作用而产生转矩。

三、机械特性

1. 自然机械特性

电磁调速电动机的机械特性是指其输出轴上的输出转矩 T 与转速 n 的函数关系 $T=f(n)$。自然机械特性是指没有闭环控制时电动机自身的 $T=f(n)$ 曲线。

电磁调速电动机在励磁电流 I_f 下，存在一条自然机械特性曲线，其形状为下垂的曲线，因此，改变励磁电流 I_f，便得到一组自然机械特性曲线，如图 3-62 所示。

电磁转差离合器的固有机械特性很软，为了提高电磁调速电动机机械特性的硬度，扩大调速范围，应采用带转速负反馈组成的闭环调速系统，如图 3-63 所示。

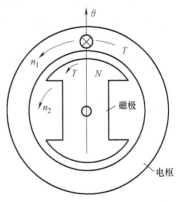

图 3-61 电磁调速电动机
调速工作示意图

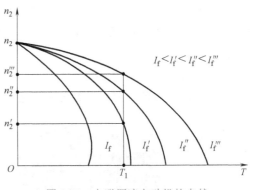

图 3-62 电磁调速电动机的自然
机械特性曲线

2. 调速特性

电磁调速电动机运行时，最高转速不可能超过原动机的转速，一般电磁调速电动机输出的最高转速为原动机速度的 80%~95%，所以调速范围的大小主要取决于最低运行速度，最低运行速度一般为额定转速的 10%，因此调速范围约为 10% 左右。

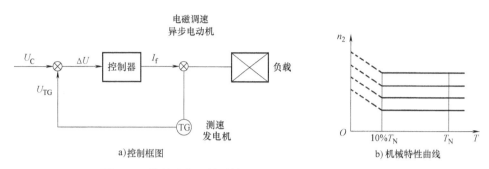

图 3-63　带转速负反馈系统的电磁调速电动机的机械特性

电磁调速电动机通过改变电磁转差离合器的励磁电流的方式进行调速，是一种平滑的无级调速系统。但由于该调速系统是依靠负载转矩的反作用实现减速和停车，而电磁转差离合器本身不产生制动转矩，所以当负载惯性大或减速时，负载反向转矩小，则调速系统的响应速度就低，故难于控制。因此在要求迅速减速和停车准确时，应采用带电磁制动器的电磁调速电动机。

活动七

【新课导入】

据有关资料统计，2008 年国焊接行业直流焊机的需求量为 89 万台，若全部采用电焊机，可直接节约 4.3 万 t 铜，6.4 万 t 钢，节约用电 6.8 亿 kW·h，间接节约 56.65 万 t 煤、1034 万 t 水，减少 114.45 万 t CO_2 排放量。由此可见，大力推广电焊机具有巨大的经济效益和社会效益。

电焊机实物如图 3-64 所示。

电焊机一般分为两大类：一类是交流电焊机；另一类是直流电焊机。

图 3-64　电焊机实物图

【知识巩固】

一、交流电焊机

1. 基础认知

交流电焊机是一台特殊的降压变压器,也称为电焊变压器。

空载时,要求交流电焊机有足够大的引弧电压,约 60~75V;负载(即焊接)时,要求交流电焊机电压急剧下降,额定负载时约为 30V,在二次侧短路(即焊条碰在焊件上而不引弧)时,二次侧短路电流不能过大,此外,还要求焊接电流的大小能调节。

交流电焊机变压器绕组的漏抗应较大,以便在二次侧负载增大时,由于漏抗降增大而使输出电压下降;二次绕组的匝数可以改变,绕组的漏抗也可以改变,便于调节电流。

2. 分类

(1) 动铁式交流电焊机

动铁式交流电焊机有三个铁心柱,两边是主铁心,中间为动铁心,如图 3-65 所示。电焊机的一次绕组为筒形绕组,绕在一个主铁心柱上。二次绕组分为两部分,一部分绕在一次绕组的外层,另一部分绕在另一只铁心柱上,如图 3-66 所示。

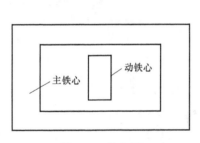

图 3-65　铁心图

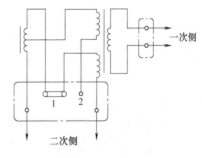

图 3-66　绕组电气图

粗调:通过更换二次侧接线板上的连接片改变二次绕组的匝数,从而改变二次电流,接线板上有接法 1 及接法 2 两种接法。

细调:通过手柄移动铁心位置以改变漏抗,从而得到均匀的调节电流。

(2) 带电抗器的交流电焊机

在交流电焊机的二次绕组中串联一个可变电抗器,如图 3-67 所示,电抗器中的气隙可以用螺杆调节,从而调节焊接电流。当气隙增大时,电抗器的电抗减小,焊接电流增大,反之,焊接电流减小。另外,在一次绕组中还备有分接头,以调节起弧电压的大小。

(3) 动圈式交流电焊机

动圈式交流电焊机通过改变一次、二次绕组的相对位置来实现对焊接电流的调节。

动圈式交流电焊机的一次绕组固定,二次绕组可动,如图 3-68 所示。两绕组间的距离不同,漏抗也不同。绕组间距离最大时,空间漏磁达到最大值,漏抗也最大,只是空载输出电压降低,焊接电流最小,当两绕组位置接近时,空载输出电压升高,焊接电流增大。

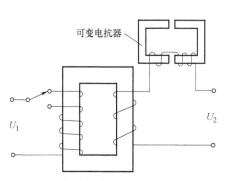

图 3-67 带电抗器的交流电焊机工作示意图

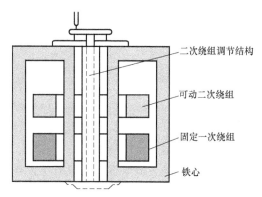

图 3-68 动圈式交流电焊机结构示意图

二、直流电焊机

1. 旋转式直流电焊机

旋转式直流电焊机由三项异步电动机带动同轴直流电焊发电机组成，如图 3-69 所示。旋转式直流电焊机具有下降输出特性。

2. 整流式直流电焊机

整流式直流电焊机由三相减压变压器、三相饱和电抗器、三相硅整流器组、输出电抗器及其他电器组成，如图 3-70 所示。

图 3-69 旋转式直流电焊机实物图

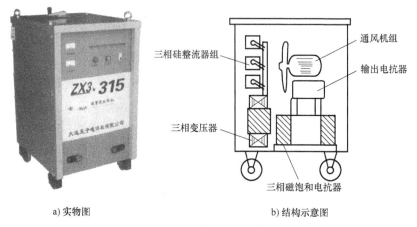

a) 实物图   b) 结构示意图

图 3-70 整流式直流电焊机

使用要点：

1）定期检查整流式直流电焊机的绝缘电阻，用 500V 绝缘电阻表测量其绝缘电阻值应不低于 0.5MΩ。

2）保持清洁干燥，定期用压缩空气清理。

3）不得在无通风的情况下进行焊接作业。整流式直流电焊机周围应有足够的通风空间，确保通风良好。

4）焊机切忌剧烈振动。

5）应避免焊条与焊件长时间的短路。

3. 焊接电弧的极性

直流电焊机是供给焊接用直流电的电源设备，如图 3-71 所示，其输出端有固定的正负之分。由于电流方向不随时间的变化而变化，因此电弧燃烧稳定，运行使用可靠，有利于掌握和提高焊接质量。

使用直流电焊机时，其输出端有固定的极性，即有确定的正极和负极，因此焊接导线的连接有两种接法，如图 3-71 所示。

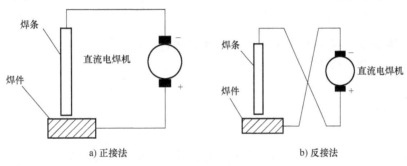

图 3-71　焊接导线接法

正接法：焊件接直流电焊机的正极，焊条接负极；

反接法：焊件接直流电焊机的负极，焊条接正极。

三、电焊机特性

1. 外特性

弧焊电源输出电压与输出电流之间的关系称为弧焊电源的外特性。外特性曲线，如图 3-72 所示。

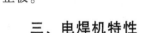

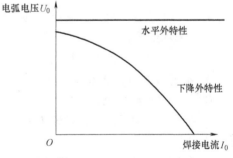

图 3-72　外特性曲线

对于具有水平外特性的电源，当发生短路时，短路电流太大，会把电源烧坏。所以弧焊电源应具有下降的外特性，即随着输出电流的增大，输出电压下降。

当焊接电流从零开始增加时，电压从空载电压 U_0 逐步下降，直至电压降为零，出现短路电流 I_0。

2. 动特性

电弧的引燃和燃烧是一个很复杂的过程，如图 3-73 所示，开始引弧时电弧与焊件相碰，电源要迅速提供合适的短路电流；电极抬起时，电源要很快达到空载电压。

焊接过程中，如果采用熔化电极（焊条、焊丝），会有熔滴从电极过渡到熔池的过程，此时也会产生频繁的短路和再引弧过程，如图 3-74 所示。

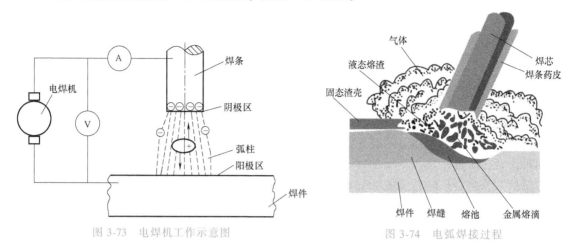

图 3-73 电焊机工作示意图   图 3-74 电弧焊接过程

如果电源输出的电流和电压不能很快适应电焊过程中的这些变化，电弧就不能稳定燃烧，甚至熄灭。电源适应焊接电弧变化的特性称为弧焊电源的动特性。

【知识考核】

一、判断题

1. 按励磁方式来分，直流测速发电机可分为永磁式和他励式两大类。   （   ）

2. 在自动控制系统中，把输入的电信号转换成电动机轴上的角位移或角速度的装置称为测速电动机。   （   ）

3. 步进电动机是一种把脉冲信号转变成直线位移或角位移的元件。   （   ）

4. 交磁电机放大机中去磁绕组的作用是减小剩磁电压。   （   ）

二、单项选择题

1. 直流永磁式测速发电机（   ）。

A. 不需另加励磁电源   B. 需加励磁电源

C. 需加交流励磁电压   D. 需加直流励磁电压

2. 在自动控制系统中，把输入的电信号转换成电动机轴上的角位移或角速度的电磁装置称为（   ）。

A. 伺服电动机   B. 测速发电机   C. 交磁电机放大机   D. 步进电动机

3. 步进电动机按工作原理可分永磁式和（   ）等。

A. 同步式   B. 反应式   C. 异步式   D. 直接式

4. 步进电动机的作用是（   ）。

A. 测量功率

B. 功率放大

C. 把脉冲信号转变成直线位移或角位移

D. 将输入的电信号转换成电动机轴上的角位移或角速度

5. 电磁调速异步电动机是由交流异步电动机、（   ）、测速发电机及控制器等部分组成。

A. 液压离合器　　　　　　　　　　B. 电磁转差离合器

C. 制动离合器　　　　　　　　　　D. 电容离合器

6. 电磁调速异步电动机采用（　　）的方法进行转速调节。

A. 改变异步电动机的定子电压

B. 改变电磁转差离合器的励磁电流

C. 改变异步电动机的转子串联电阻

D. 改变电磁转差离合器的铁心气隙

7. 交磁电机放大机为了抵消直轴电枢去磁反应，采用在定子上加嵌（　　）的方法。

A. 补偿绕组　　　　B. 串联绕组　　　　C. 励磁绕组　　　　D. 换向绕组

项目四

三相电动机控制线路故障检修

项 目 目 标

知识目标

1. 了解常用的电动机基础控制方法。
2. 了解常用的几种电动机控制方法的原理接线方式。
3. 了解常用的几种电动机控制线路的故障分析方法。

技能目标

1. 能识别出日常生活中的电动机设备所运用的控制方法。
2. 能正确使用电工仪表判断电动机线路的故障点。

情感目标

1. 培养学生善于思考的能力，激发学生的学习兴趣。
2. 培养学生严谨细致、一丝不苟的学习态度。

[活动指导]

 电动机连续运行与点动

【新课导入】

机械设备长时间运转，可能会出现各种电路问题。例如，某工厂的一台可实现点动、连续控制的机械设备年久失修，现在运行时会出现电动机只能点动不能连续、只能连续不能点动，或者一些其他的故障现象。

现工厂将该设备赠给学校，让学生根据故障现象，练习电动机点动、连续故障的检修。

讨论

哪些情况下用到了电动机的点动、连续控制？

【知识巩固】

一、工作原理

电动机工作原理电路如图 4-1 所示。

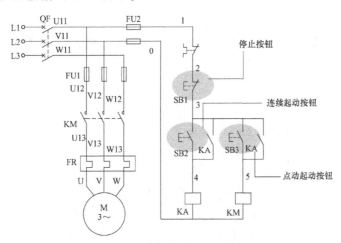

图 4-1 电动机工作原理电路

连续：按下 SB2，KA 线圈得电，KA（3-4）常开触点闭合，KM 线圈得电，其常开主触点闭合，电动机连续运行。

点动：按下 SB3，KM 线圈得电，其常开主触点闭合，电动机点动运行。

二、电路仿真操作

电动机电路仿真操作如图 4-2 所示。

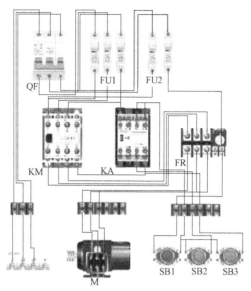

连续运行与点动
实物电路操作

图 4-2　电动机电路仿真

连续：按下 SB2，KA、KM 线圈得电，电动机连续运行。
点动：按下 SB3，KM 线圈得电，电动机点动运行。

三、排故示范

1. 故障现象

按下 SB2，KA 线圈不得电，电动机无连续运行，按下 SB3，KM 线圈得电，电动机点动
运行正常。如图 4-3 所示。

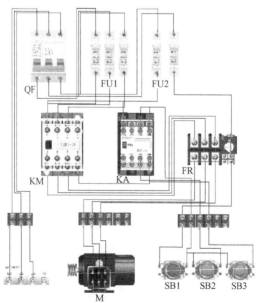

图 4-3　故障仿真

2. 排查过程

检查流程：SB1→SB2→KA 线圈→FU2。用万用表排查故障如图 4-4 所示。

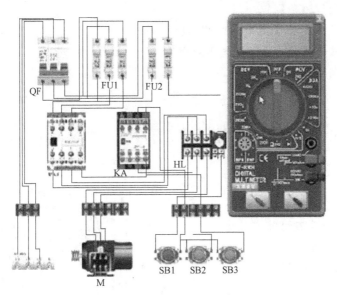

连续运行与点动
实物电路故障现象

连续运行与点动
实物电路排查过程

图 4-4 用万用表排查故障

四、常见故障

1）按下 SB2、SB3，KA、KM 线圈不得电，电动机无连续和点动运行。

检查流程：

① L1→QF→FU1→FR→SB1→SB2；

② L2→QF→FU1→FU2→KA 线圈。

2）按下 SB2，KA 线圈不得电，电动机无连续运行，按下 SB3，KM 线圈得电，电动机点动正常运行。

检查流程：SB1→SB2→KA 线圈→FU2。

3）按下 SB2，KA 线圈得电，KM 线圈不得电，电动机无连续运行，按下 SB3，KM 线圈不得电，电动机无点动运行。

检查流程：SB1→SB3→KA 线圈→FU2。

4）按下 SB2，KA、KM 线圈得电，电动机连续正常运行，按下 SB3，KM 线圈不得电，电动机无点动运行。

检查流程：SB1→SB3→KM 线圈。

5）按下 SB2，KA 线圈得电，按下 SB3，KM 线圈得电，但电动机不能起动，主回路断相。

检查流程：

① L1→QF→FU1→KM→FR→M；

② L2→QF→FU1→KM→FR→M；

③ L3→QF→FU1→KM→FR→M。

五、排故练习要求

1) 先开机观察故障现象，并做好记录。
2) 分析可能出现的故障范围。
3) 根据范围选用万用表 $R \times 100$ 电阻挡调零后检测。
4) 严禁带电进行故障排除，防止触电事故发生。
5) 遇到问题及时向老师提出。

活动二

【新课导入】

为了方便操作，一台设备可能有几个操纵盘或按钮站，如图 4-5 所示，可以多地点进行操作控制。要实现多地点控制，在线路中可将起动按钮并联使用，而将停止按钮串联使用。

【知识巩固】

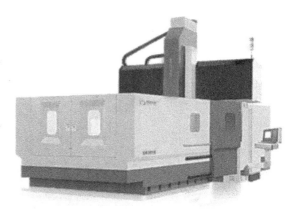

一、工作原理

图 4-5 要求多地可控的大型机床

电动机两地控制工作原理电路如图 4-6 所示。

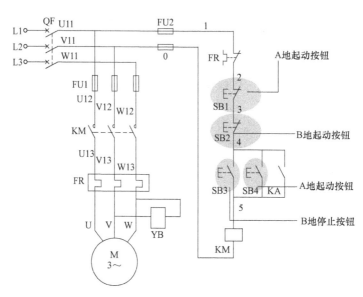

图 4-6 电动机两地控制工作原理电路

起动：按下 SB3，KM 线圈得电，KM 常开辅助触点闭合自锁，KM 常开主触点闭合，抱闸 YB 线圈得电，松开制动，电动机运转。

停止：按下 SB1 或 SB2，KM 线圈失电，常开触点打开，电动机停止运转，同时，YB 抱闸线圈失电，对电动机进行制动。

二、电路仿真操作

电动机两地控制电路仿真操作如图 4-7 所示。

起动：按下 SB3 或 SB4，电动机连续运行。

停止：按下 SB1 或 SB2，电动机停止运行。

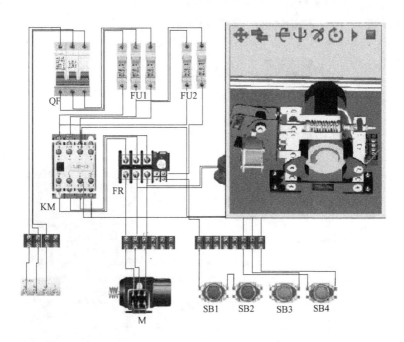

电动机两地控制
实物电路操作

图 4-7　电动机两地控制电路仿真

三、排故示范

1. 故障现象

按下 SB3，KA 线圈不得电，电动机不能起动，按下 SB4，KM 线圈得电，电动机能起动，如图 4-8 所示。

2. 排查过程

检查流程：SB2→SB3→KM 线圈。

用万用表欧姆挡检查 SB2 至 SB3 的 4 号导线，如图 4-9 所示。

若万用表显示导通，则故障不在该导线；若万用表显示 "−1"，则导线电阻无穷大，说明该导线断路。

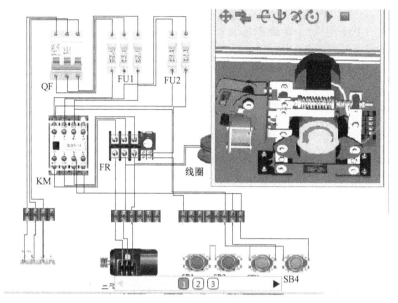

图 4-8　故障仿真

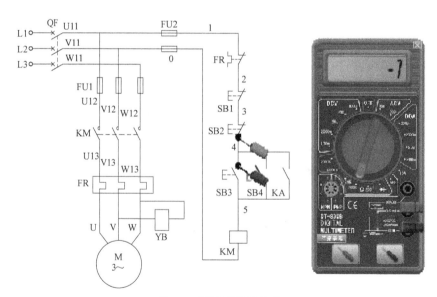

图 4-9　万用表检测导线

　　若用万用表欧姆挡检查 SB2 至 SB3 的 4 号导线导通，再检查 SB3 常开触点，如图 4-10 所示。

　　如果按下 SB3 后其触点不通，说明该按钮已坏。

四、常见故障

1）按下 SB3 或 SB4，KM 线圈不得电，电动机不能起动。

检查流程：

① L1→QF→FU1→FR→SB1→SB2→SB3；

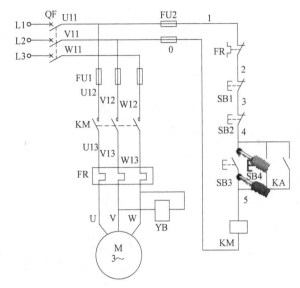

电动机两地
控制实物电路
故障现象

图 4-10 用万用表检测开关

② L2→QF→FU2→KM 线圈。

2）按下 SB3，KM 线圈不得电，电动机不能起动，按下 SB4，KM 线圈得电，电动机起动。

检查流程：SB2→SB3→KM 线圈。

3）按下 SB4，KM 线圈不得电，电动机不能起动，按下 SB3，KM 线圈得电，电动机起动。

检查流程：SB2→SB4→KM 线圈。

4）按下 SB3 或 SB4，KM 线圈得电，YB 抱闸线圈不得电，电动机不能起动。

检查流程：FR→YB→FR。

5）按下 SB3 或 SB4，KM 线圈得电，YB 抱闸线圈得电，电动机不能起动，主回路断相。

检查流程：

① L1→QF→FU1→KM→FR→M；

② L2→QF→FU1→KM→FR→M；

③ L3→QF→FU1→KM→FR→M。

五、排故练习要求

1）先开机观察故障现象，并做好记录。

2）分析可能出现的故障范围。

3）根据范围用万用表 $R{\times}100$ 电阻挡调零后检测。

4）严禁带电进行故障排除，防止触电事故发生。

5）遇到问题及时向老师提出。

活动三　电动机正反转

【新课导入】

单相运转控制电路只能使电动机向一个方向旋转，但许多生产机械往往要求运动部件能向正反两个方向运动，如机床工作台的前进与后退、主轴的正转与反转、起重机的上升与下降等，如图 4-11 所示，这些生产要求电动机能实现正反转控制。

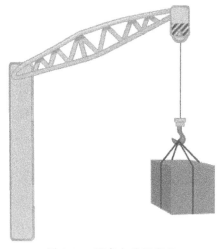

图 4-11　要求电动机实现
正反转控制的起重机

正反转控制
应用

【知识巩固】

一、工作原理

电动机正反转控制工作原理电路如图 4-12 所示。闭合断路器 QF。

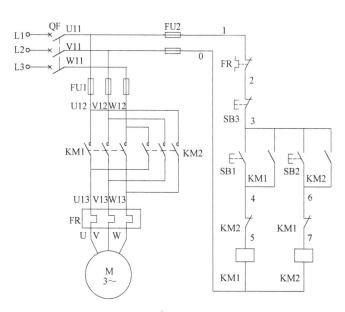

图 4-12　电动机正反转控制工作原理电路

正转：按下 SB1→KM1 线圈得电→KM1 主触点闭合，自锁触点闭合，联锁触点分断对 KM2 联锁→电动机正转。

反转：按下 SB3 使电动机失电→按下 SB2→KM2 线圈得电→KM2 主触点闭合，自锁触点闭合，联锁触点分断对 KM1 联锁→电动机反转。

停止：按下 SB3→KM1 或 KM2 线圈失电→KM1 或 KM2 主触点分断→电动机停转。

二、电路仿真操作

电动机正反转控制电路仿真操作如图 4-13 所示。

运行：按下 SB1，电动机正转；按下 SB2，电动机反转。

停止：按下 SB3，电动机停止转动。

三、排故示范

1. 故障现象

按下 SB1，KM1 线圈不得电，电动机不能起动。按下 SB2，
KM2 线圈得电，电动机反转，如图 4-14 所示。

电动机正反转控制实物电路操作

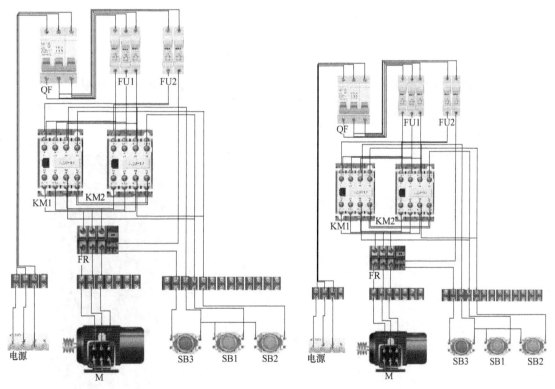

图 4-13　电动机正反转控制仿真操作　　　　　图 4-14　故障仿真

2. 排查过程

检查流程：SB1→SB3→KM1 线圈。

用万用表欧姆挡检查 SB1~SB3 的 3 号导线，如图 4-15 所示。

若万用表显示导通，则故障不在该导线；若万用表显示"-1"，则导线电阻无穷大，说明导线断路。

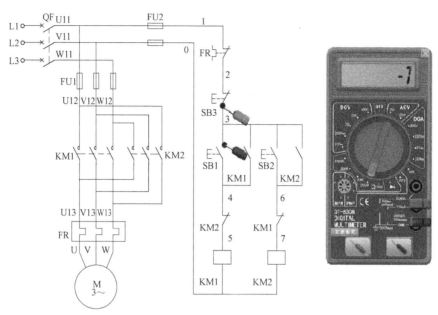

图 4-15　用万用表检测导线

若用万用表欧姆挡检查 SB1~SB3 的导线导通，再检查 SB1 常开触点，如图 4-16 所示。

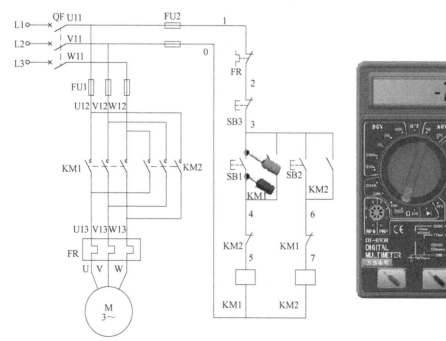

图 4-16　用万用表检测开关

如果按下 SB1 后其触点不通，说明该按钮已坏。

四、常见故障

1）按下 SB1 或 SB2，KM 线圈不得电，电动机不能起动。

电动机正反转控制
电路故障现象

检查流程：

① L1→QF→FU1→KM1→FR→SB1→SB2→SB3;

② L2→QF→KM1 线圈→KM2 线圈→SB1→SB2→SB3。

2）按下 SB1，KM1 线圈不得电，电动机不能起动；按下 SB2，KM2 线圈不得电，电动机能起动。

检查流程：SB2→SB3→KM2 线圈。

3）按下 SB2，KM2 线圈不得电，电动机不能起动；按下 SB1，KM1 线圈不得电，电动机能起动。

检查流程：SB1→SB3→KM1 线圈。

4）按下 SB1 或 SB2，KM1 或 KM2 线圈得电，电动机不能起动，主回路断相。

检查流程：

① L2→QF→FU1→KM1→KM2→FR→M;

② L3→QF→FU1→KM1→KM2→FR→M。

五、排故练习要求

1）先开机观察故障现象，并做好记录。

2）分析可能出现的故障范围。

3）根据范围用万用表 $R\times100$ 电阻挡调零后检测。

4）严禁带电进行故障排除，防止触电事故发生。

5）遇到问题及时向老师提出。

活动四　电动机丫-△减压起动

【新课导入】

电动机在全压起动过程中，起动电流为额定电流的 4~7 倍。过大的起动冲击电流对电动机本身和电网以及其他设备的正常运行都会造成不利影响，如会使电动机发热，使电动机绝缘老化，影响电动机寿命，还会造成电网电压大幅度下降，使电动机自身的起动转矩减小，从而延长起动时间，增大起动过程的损耗，严重时甚至会造成电动机无法起动等。

因此，大容量的电动机需要采用减压起动的方式。常用的减压起动方式为丫-△减压起动。

【知识巩固】

一、工作原理（图 4-4-1）

电动机丫-△减压起动工作原理电路如图 4-17 所示。闭合断路器 QF。

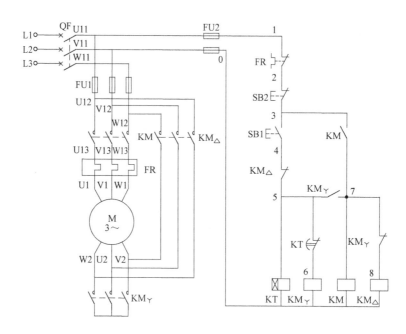

图 4-17　电动机丫-△减压起动工作原理电路

丫联结起动：按下 SB1→KMY 线圈得电→KM 得电→KMY 主触点闭合→电动机 MY 联结减压起动。

△联结运行：KM 得电→KT 得电→电动机 M 转速上升至一定值→KT 断开→KMY 线圈失电→KM△ 得电→KM△ 主触点闭合→电动机 M△ 联结全压运行。

停止：按下 SB2→KMY 或 KM△ 线圈失电→电动机 M 失电停转。

二、电路仿真操作

电动机丫-△减压起动电路仿真如图 4-18 所示。

运行：按下 SB1，电动机丫联结减压起动，然后△联结全压运行。

停止：按下 SB2，电动机停止转动。

三、排故示范

1. 故障现象

按下 SB1，KT、KM丫、KM 线圈均不得电，电动机丫联结，不能起动，故障仿真如图 4-19 所示。

2. 排查过程

检查控制电路，从 QF 输出 U11 开始逐段检查导线以及元器件是否正常，如图 4-20 所示。

检查流程：L1→QS→FU2→FR→SB2→SB1→KM△→KT 线圈。

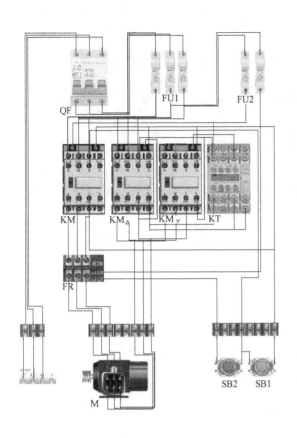

图 4-18 电动机丫-△减压起动电路仿真

图 4-19 故障仿真

电动机丫-△减压
起动实物电路操作

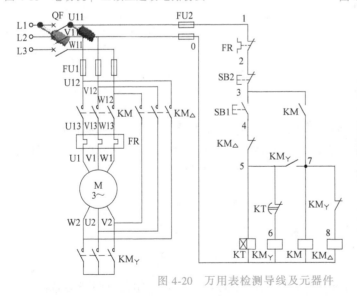

图 4-20 万用表检测导线及元器件

电动机丫-△减压起动
实物电路故障现象

四、常见故障

1) 按下 SB1，KT 线圈得电，KM丫线圈不得电，电动机丫联结不能起动。

检查流程：KM△→KT→KM丫线圈→FU2。

2）按下 SB1，KT、KM丫线圈得电，KM 线圈不得电，电动机丫联结不能起动。

检查流程：KM△→KM丫→KM 线圈→FU2。

3）按下 SB1，KT、KM丫、KM 线圈得电但不自锁，电动机丫联结点动。

检查流程：SB2→KM→KM 线圈。

4）按下 SB1，电动机丫联结起动正常，延时后 KM△线圈不得电，电动机△联结不能运行。

检查流程：KM→KM丫→KM△→FU2。

5）按下 SB1，控制回路正常，电动机丫联结不能起动，△联结不能运行，主回路断相。

检查流程：

① L1→QF→FU1→KM→FR→M→KM丫

② L2→QF→FU1→KM→FR→M→KM丫

③ L3→QF→FU1→KM→FR→M→KM丫

五、排故练习要求

1）先开机观察故障现象，并做好记录。

2）分析可能出现的故障范围。

3）根据范围用万用表 $R×100$ 电阻挡调零后检测。

4）严禁带电进行故障排除，防止触电事故发生。

5）遇到问题及时向老师提出。

活动五

【新课导入】

电动机的延时起动、延时停止控制是指发出起动或停止信号后，电动机延时一段时间再执行操作。例如，发出起动信号后，延时 20s 电动机才起动运行；发出停止信号后，延时 30s 后电动机才停止运行。

【知识巩固】

一、工作原理

电动机延时起动、延时停止工作原理电路如图 4-21 所示。闭合电源开关 QS。

起动：按下 SB1→KT1 线圈通电自锁→KT2 线圈通电，KT2 触点闭合→KT1 延时一段时间后，延时动合触点接通→KA 线圈通电自锁，KM 线圈通电自锁，常闭触点断开→KT1 线圈失电，KM 主触点闭合，电动机起动。

停止：按下 SB2→中间继电器 KA 线圈断电，KT2 线圈断电→一段时间后，延时动断触点断开→KM 线圈断电，电动机停止运行。

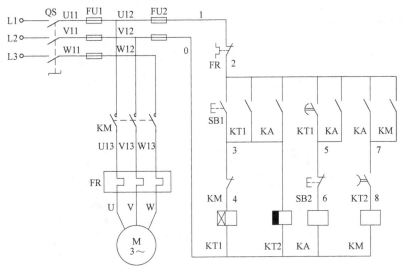

图 4-21　电动机延时起动延时停止工作原理电路

二、电路仿真操作

电动机延时起动、延时停止电路仿真操作如图 4-22 所示。

运行：按下按钮 SB1，一段时间后，电动机起动。

停止：按下按钮 SB2，一段时间后，电动机停止运行。

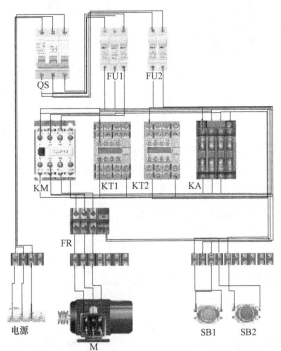

图 4-22　电动机延时起动、延时停止电路仿真

电动机延时起动、延时
停止实物电路操作

三、排故示范

1. 故障现象

按下起动按钮 SB1 后，KT1 和 KT2 线圈点动吸合并且无自锁，电动机无法正常起动，若长按起动按钮 SB1 则电动机可起动。故障仿真如图 4-23 所示。

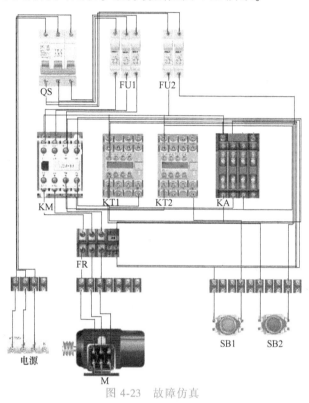

图 4-23 故障仿真

2. 排查过程

检查流程：SB1→KT1→KT1 线圈。

用万用表欧姆挡检查 SB1 到 KT1 的导线，导通时万用表显示 "0"，断路时显示 "−1"，如图 4-24 所示。

如果 SB1 到 KT1 的导线导通，再检查 KT1 常开触点，如图 4-25 所示。

四、常见故障

1）按下 SB1，KT1、KT2 线圈不得电，电动机不能起动。

检查流程：

① L1→QS→FU1→FU2→KT1 线圈；

② L2→QS→FU1→FU2→FR→SB1→KM。

2）按下 SB1，KT1 线圈不得电，KT2 线圈得电，电动机不能起动。

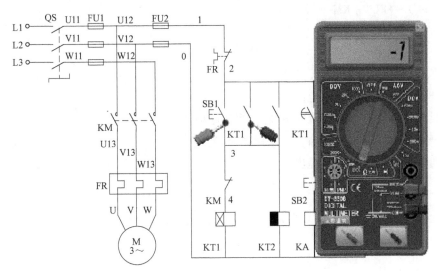

图 4-24　用万用表检测导线

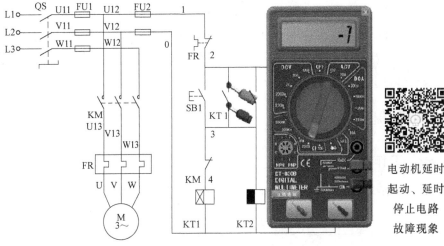

图 4-25　用万用表检测辅助触点

电动机延时
起动、延时
停止电路
故障现象

检查流程：SB1→KM→KT1 线圈→FU2。

3）按下 SB1，KT1、KT2 线圈得电，延时后，KA 线圈不得电，电动机不能起动。

检查流程：FR→KT1→SB2→KA 线圈→FU2。

4）按下 SB1，KT1、KT2 线圈得电，延时后，KA 线圈得电，KM 线圈不得电，电动机不能起动。

检查流程：FR→KA→KT2→KM 线圈→FU2。

5）按下 SB1，KT1、KT2 线圈得电，延时后，KA 线圈得电，KM 线圈得电，电动机不能起动，主回路断相。

检查流程：

① L1→QS→FU1→KM→FR→M；

② L2→QS→FU1→KM→FR→M；

③ L3→QS→FU1→KM→FR→M。

五、排故练习要求

1）先开机观察故障现象，并做好记录。

2）分析可能出现的故障范围。

3）根据范围用万用表 $R\times100$ 电阻挡调零后检测。

4）严禁带电进行故障排除，防止触电事故发生。

5）遇到问题及时向老师提出。

活动六

【新课导入】

随着科技的发展，双速电动机的应用越来越广泛，如煤矿、石油天然气、石油化工和化学加工等行业；此外，双速电动机在纺织、冶金、城市燃气、交通、粮油加工、造纸、医药等领域也被广泛应用。双速电动机作为主要的动力设备，通常用于驱动泵、风机、压缩机和其他传动机械。

【知识巩固】

一、工作原理

双速电动机工作原理电路如图 4-26 所示。闭合断路器 QF。

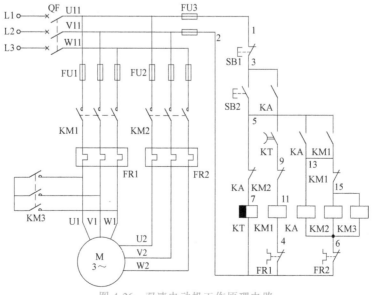

图 4-26　双速电动机工作原理电路

起动：按下 SB2，KT 线圈得电→KM1 线圈得电→电动机低速运行，KA 线圈得电并自锁→KT 线圈失电，延时后，KM1 线圈失电→KM2、KM3 线圈同时得电→电动机高速运行。

停止：按下 SB1→KM2、KM3 线圈失电→常开主触点打开→电动机停止运转。

二、电路仿真操作

双速电动机电路仿真如图 4-27 所示。

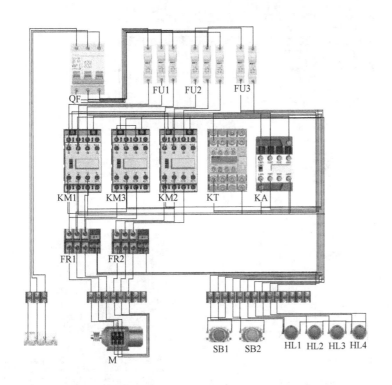

双速电动机自动
加速实物电路操作

图 4-27　双速电动机电路仿真

运行：按下 SB1，电动机低速运行一段时间后高速运行。
停止：按下 SB2，电动机停止运转。

三、排故示范

1. 故障现象

按下 SB2，KT 线圈不得电，电动机不运转。故障仿真如图 4-28 所示。

2. 排查过程

检查流程：QF→FU3→SB1→SB2→KA→KT 线圈→FU3→QF。

从 QF 输出 U11 开始，逐条检查 1 号、3 号、5 号、7 号、2 号、V11 导线以及之间的元器件是否正常，有无断路现象，如图 4-29 所示。

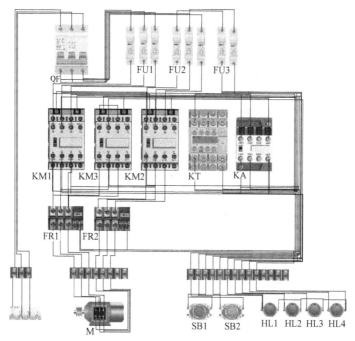

图 4-28　故障仿真

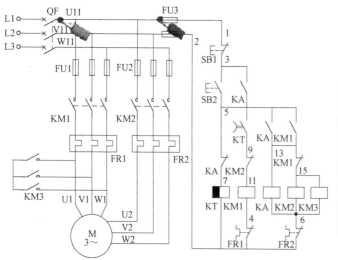

图 4-29　用万用表检测导线及元器件

双速电动
机自动
加速电路
故障现象

四、常见故障

1）按下 SB2，KT 线圈不得电，电动机不转。

故障点：

① SB2 常开触点故障；

② 7 号线短路。

2）按下按钮 SB2，KM1 线圈不得电，电动机不转，但 KT 线圈得电。

故障点：

① KM2 线圈常闭触点故障；

② KM1 线圈断路；

③ FR1 常闭触点故障。

3）按下按钮 SB2，KA 线圈不得电，但 KT、KM1 线圈得电，电动机低速点动。

故障点：KA 线圈故障。

4）按下按钮 SB2，电动机低速运行正常，延时后 KM3 线圈不得电，电动机无法高速运行。

故障点：15 号线断路。

五、排故练习要求

1）先开机观察故障现象，并做好记录。

2）分析可能出现的故障范围。

3）根据范围用万用表 $R \times 100$ 电阻挡调零后检测。

4）严禁带电进行故障排除，防止触电事故发生。

5）遇到问题及时向老师提出。

项目五

典型机床控制线路及常见故障分析

项 目 目 标

知识目标

1. 了解典型机床的基本结构及运动形式。
2. 了解典型机床控制线路的原理及接线方式。
3. 了解典型机床控制线路的故障分析方法。

技能目标

1. 能掌握典型机床控制线路中各元器件的相互配合。
2. 能正确使用电工仪表判断机床控制线路的故障点。

情感目标

1. 培养学生善于思考的能力，激发学生的学习兴趣。
2. 培养学生严谨细致、一丝不苟的学习态度。

[活动指导]

活动一 CA6140 型卧式车床控制电路

【新课导入】

车床是一种应用极为广泛的金属切削机床，如图 5-1 所示。车床能够车削外圆、内圆、端面、螺纹、切断及割槽等，并且可以装上钻头或铰刀进行钻孔和铰孔等加工操作，如图 5-2 所示。

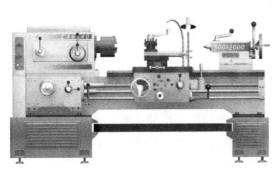

图 5-1 车床实物图   图 5-2 车床加工零件图

CA6140 型卧式车床的型号规格及含义如图 5-3 所示。

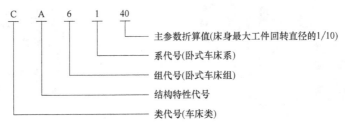

图 5-3 CA6140 型卧式车床型号规格及其含义

【知识巩固】

一、CA6140 型卧式车床的主要结构

CA6140 型车床主要结构如图 5-4 所示。

1. 主轴箱

主轴箱固定在床身的左端，其内部装有主轴和传动轴，以及变速、变向、润滑等机构，由电动机经变速机构带动主轴旋转，实现主运动，并获得需要的转速及转向。主轴前端可安

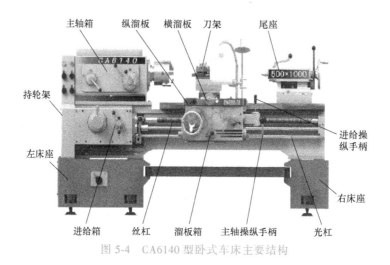

主轴箱　纵溜板　横溜板　刀架　　尾座

持轮架

左床座

进给操
纵手柄

右床座

进给箱　　丝杠　　溜板箱　主轴操纵手柄　光杠

图 5-4　CA6140 型卧式车床主要结构

装自定心卡盘、单动卡盘等附件，用以装夹工件，如图 5-5 所示。

2. 溜板箱

溜板箱固定在床鞍的底部，其功能是将进给箱通过光杠或丝杠传来的运动传递给刀架，使刀架进行纵向进给、横向进给或车丝运动。另外，通过纵、横向的操纵手柄和上面的电器按钮，可起动装在溜板箱中的快速电动机，实现刀架的纵、横向快速移动。在溜板箱上装有多种手柄及按钮，可以方便地操纵机床，如图 5-6 所示。

图 5-5　主轴箱

图 5-6　溜板箱

3. 刀架

刀架由床鞍、两层溜板（中、小溜板）与刀架组成，用于装夹车刀并带动车刀纵向、横向、斜向运动和曲线运动，从而完成工件车削加工。刀架依靠刀架上的手柄逆时针（或顺时针）转动来控制刀架的转位或紧锁。逆时针转动刀架手柄，以调换车刀；顺时针转动手柄时，刀架被锁紧，如图 5-7 所示。

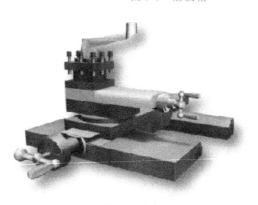

图 5-7　刀架

4. 进给箱

进给箱固定在床身的左前侧面，用以改变被加工螺纹的导程或机动进给的进给量，如图 5-8 所示。

5. 尾座

尾座安装于床身的尾座导轨上，可沿导轨做纵向调整移动，然后固定在需要的位置，以适应不同长度的工件。尾座上的套筒可安装顶尖以及各种孔加工刀具，用来支承工件或对工件进行孔加工，摇动手轮使套筒移动可实现刀具的纵向进给，如图 5-9 所示。

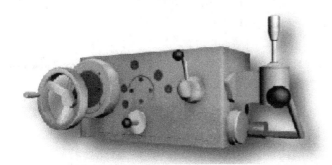

图 5-8 进给箱

图 5-9 尾座

6. 床身

床身固定在左床腿和右床腿上。床身是车床的基本支承件，车床的各主要部件均安装于床身上，它保证了各部件间具有准确的相对位置，并且承受了切削力和各部件的重量，如图 5-10 所示。

图 5-10 床身

二、CA6140 型卧式车床的运动形式

1. 操纵手柄系统

在操纵使用车床前，必须了解车床的各个操纵手柄的位置和用途，以免因操作不当而损坏机床，CA6140 型卧式车床的操纵手柄系统及功能如图 5-11 所示。

2. 运动形式

（1）主运动——主轴旋转运动

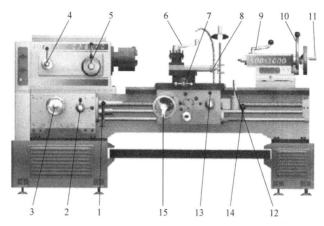

图 5-11　CA6140 型卧式车床操纵手柄介绍

1，14—主轴正、反转操纵手柄　2—丝杠、光杠变换手柄　3—进给量调节手轮　4—车螺纹变换手柄　5—主轴变速手柄　6—方刀架转位、固定手柄　7—中溜板横向移动手柄　8—小溜板纵向移动手柄　9—尾座顶尖套筒固定手柄　10—尾座紧固手柄　11—尾座顶尖套筒移动手轮　12—自动进给快速手柄　13—开合螺母操纵手柄　15—大溜板纵向移动手轮

　　主轴电动机选用三相笼型异步电动机，不进行电气调速，主轴采用齿轮箱进行机械有级调速；在车削螺纹时还要求主轴有正反转，一般由机械方法实现，主轴电动机只做单向旋转，如图 5-12 所示。

车床-主轴旋转运动

电源开关	电源保护	主轴电动机	短路保护	冷却泵电动机	刀架快速移动电动机	控制电源变压	断电保护	主轴电动机控制	刀架快速移动	冷却泵控制	信号灯	照明灯

1	2	3	4	5	6	7	8	9	10	11	12

图 5-12　车床的主运动工作原理

（2）进给运动——刀架直线运动

CA6140 型卧式车床的进给运动——刀架直线运动是由主轴电动机拖动，主轴电动机的动力通过挂轮箱传递给进给箱来实现刀具的纵向和横向进给，在加工螺纹时，还要求刀具的移动和主轴转动有固定的比例关系，如图 5-13 所示。

车床-刀架直线运动

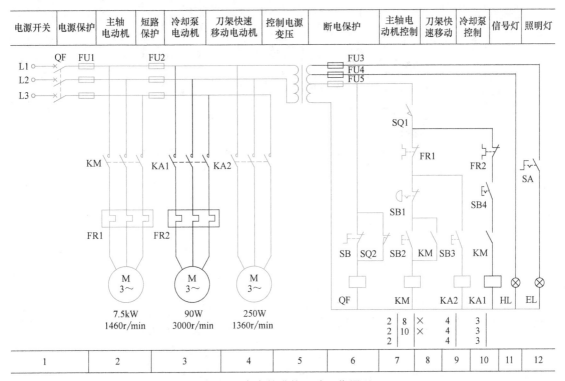

图 5-13 车床的进给运动工作原理

（3）辅助运动——刀架快速移动

CA6140 型卧式车床的辅助运动——刀架快速移动由刀架的快速移动电动机拖动，该电动机可直接起动，不需要正反转和调试，如图 5-14 所示。

刀架横向或纵向自动进给需要快速移动刀架时，只需通过鼠标单击自动进给与快速移动手柄上的快速按钮即可实现，松开按钮停止快速移动。

三、CA6140 型卧式车床的线路分析

1. 电气原理图

CA6140 型卧式车床的电气原理图如图 5-15 所示。

机床电路绘制与识读原则：

1）电路图按电路功能分成若干单元，并用文字将其功能标注在电路图上部的栏内。例如，图 5-15 中标注了电源保护、电源开关、主轴电动机等 13 个单元。

2）在电路图下部划分若干图区，并从左往右依次用阿拉伯数字编号标注在图区栏内。通常是一条回路或一条支路划为一个图区，例如，图 5-15 中共划分了 12 个图区。

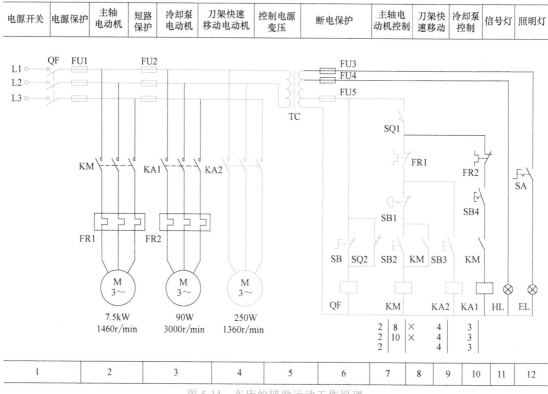

图 5-14　车床的辅助运动工作原理

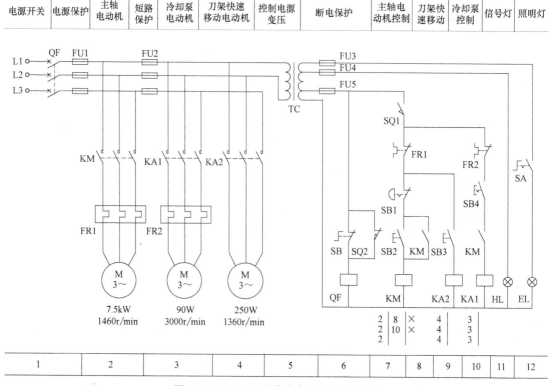

图 5-15　CA6140 型卧式车床电气原理图

3）电路图中，每个接触器下方画出两条竖直线，分成左中右三栏；每个继电器下方划出一条竖直线，分成左右两栏。把受其线圈控制而动作的触点所处的图区号填入相应的栏内，对备而未用的触号，在相应的栏内用记号"×"标出或不标出任何符号。具体规定及示例见表 5-1 和表 5-2。

表 5-1 接触器图区

栏目	左栏	中栏	右栏
触点类型	主触点所处的图区号	辅助常开触点所处的图区号	辅助常闭触点所处的图区号
举例 2 | 8 | × 2 | 10 | × 2	表示 3 对主触点均在图区 2	表示 1 对辅助常开触点在图区 8，另 1 对辅助常开触点在图区 10	表示 2 对辅助常闭触点均未用

表 5-2 继电器图区

栏目	左栏	右栏
触点类型	辅助常开触点所处的图区号	辅助常闭触点所处的图区号
举例 4 | 4 | 4	表示 3 对辅助常开触点在图区 4	表示辅助常闭触点未用

2. 线路分析

（1）主电路

CA6140 型卧式车床的电源由钥匙开关 SB 控制，将 SB 向右旋转，再扳动断路器将三相电源引入。

主电路如图 5-16 所示。电气控制中共有三台电动机：M1 为主轴电动机，带动主轴旋转和刀架做进给运动；M2 为冷却泵电动机，用以输出冷却液；M3 为刀架快速移动电动机，用以拖动刀架快速移动。

（2）控制电路

由变压器 TC 提供 110V 电源，控制电路如图 5-17 所示。

1）主轴电动机控制。起动时，按下起动按钮 SB2，接触器 KM 通电并自锁，主轴电动机 M1 起动运行；停机时，按下急停按钮 SB1，随着 KM 断电，M1 停止运行。

2）冷却泵电动机控制。主轴电动机 M1 和冷却泵电动机 M2 在控制电路中实现顺序控制，只有当主轴电动机 M1 起动后，KM 的常开触点闭合，合上按钮 SB4，中间继电器 KA1 吸合，冷却泵电动机 M2 才能起动。当 M1 停止运行或断开按钮 SB4 时，M2 停止运行。

3）刀架快速移动电动机控制。刀架快速移动电动机 M3 的起动由安装在进给操纵手柄顶端的按钮 SB3 控制，它与中间继电器 KA2 组成点动控制环节。其操纵手柄扳到所需位置，按下按钮 SB3，KA2 得电吸合，电动机 M3 起动运转，刀架沿指定的方向快速移动。

（3）照明电路

控制变压器 TC 的二次输出电压为 24V 和 6V，分别作为车床低压照明和指示灯的电源。照明电路如图 5-18 所示，EL 为车床的低压照明灯，由开关 SA 控制，FU4 用作短路保护；HL 为电源指示灯，FU3 用作短路保护。

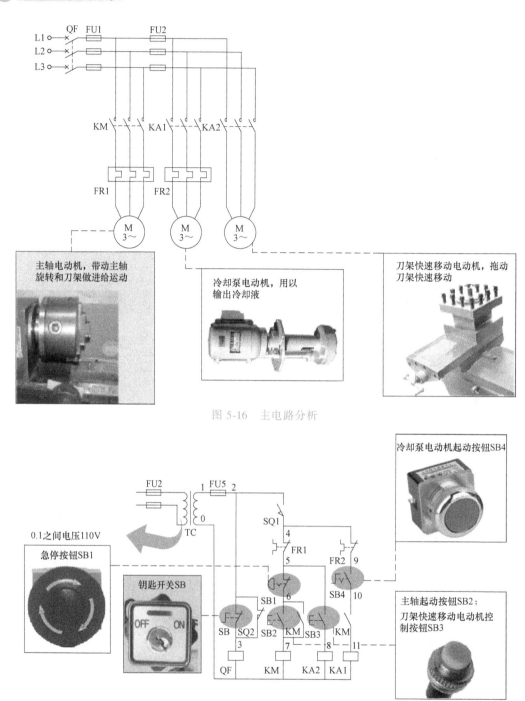

图 5-16　主电路分析

图 5-17　控制电路分析

四、CA6140 型普通车床的电气控制线路检修

1. 故障现象

闭合电源开关 QF，按下起动按钮 SB2，电动机 M1 不起动。故障现象如图 5-19 所示。

2. 故障分析

根据故障现象，在 CA6140 型卧式车床电气原理图上标出可能的最小故障范围。

（1）主电路

主电路中，可能出现故障的点有断路器 QF 接触不良或者连线断线、熔断器 FU1 连线断线、KM 主触点接触不良或者烧毛、FR1 与 M1 之间的连线故障等，如图 5-20 所示。

（2）控制电路

当按下按钮 SB2 后，KM 线圈不吸合，则故障可能存在于控制电路中，可能存在的故障点有按钮 SB2 常开触点不动作、KM 线圈损坏、SB1 常闭触点断路、SQ1 常开触点不动作以及控制回路的接线问题，如图 5-21 所示。

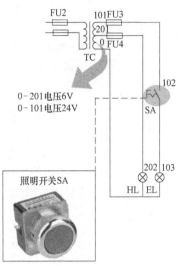

图 5-18 照明电路分析

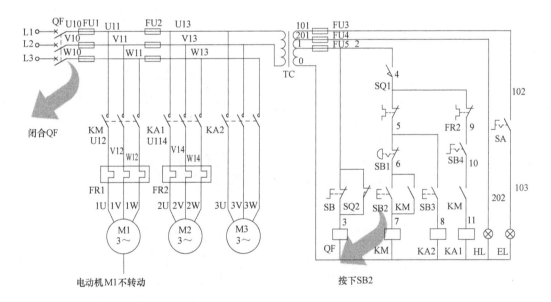

图 5-19 故障现象

3. 故障排除

（1）KM 吸合

电路通电后，确认 KM 是否吸合，如果吸合，则故障必然发生在主电路，主电路检修流程如图 5-22 所示。

（2）KM 不吸合

如果 KM 不吸合，故障点可能存在于控制电路中，控制电路检修流程如图 5-23 所示。

图 5-24 为电压测量法，采用电压测量法检修电路故障的步骤如下：

1）按住 SB2 不放，表笔分别接 5/6、6/7、7/0 三个点；

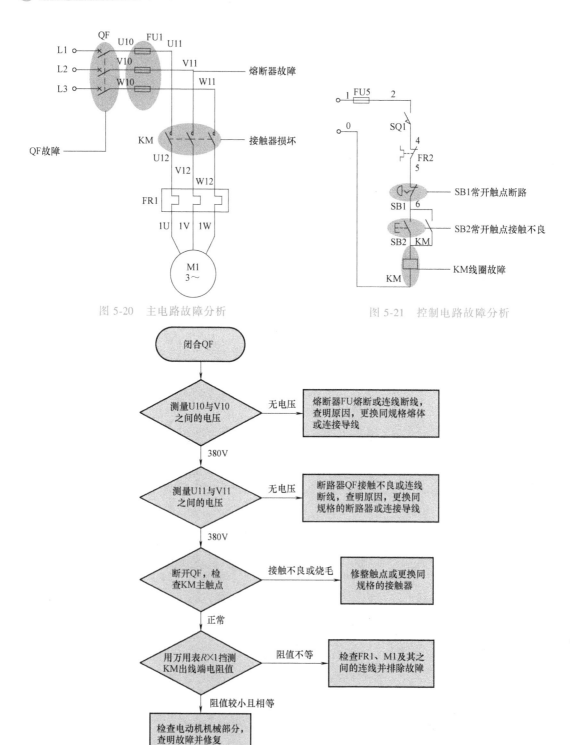

图 5-20　主电路故障分析　　　　　　　　　　图 5-21　控制电路故障分析

图 5-22　主电路检修流程

2）测量结果分别为 110V、0V、0V，则故障点为 SB1 接触不良或接线脱落；排除方法为更换 SB1 或者将脱落的导线接好；

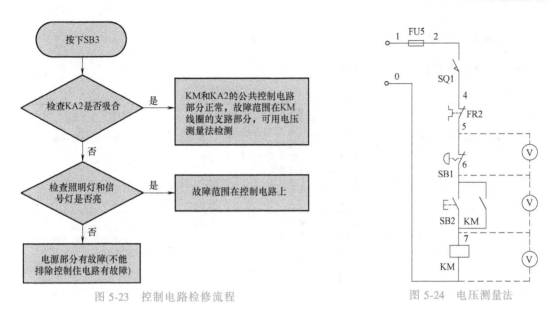

图 5-23　控制电路检修流程　　　　　　　图 5-24　电压测量法

3）测量结果分别为 0V、110V、0V，则故障点为 SB2 接触不良或接线脱落；排除方法为更换 SB2 或者将脱落的导线接好；

4）测量结果分别为 0V、0V、110V，则故障点为 KM 线圈开路或接线脱落；排除方法为更换线圈或者将脱落的导线接好。

4. 通电试车

故障排除后，即可进行通电试车，仿真操作如图 5-25 所示。

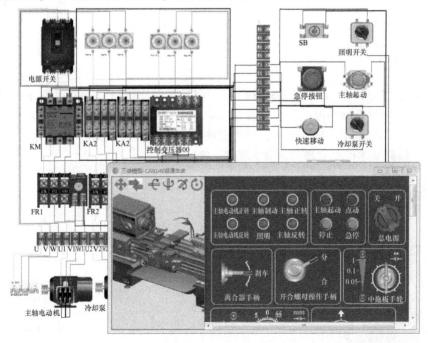

图 5-25　通电试车仿真

5. 车床常见故障

车床常见故障及检修方法见表 5-3。

表 5-3　车床常见故障及检修方法

序号	故障现象	故障原因	故障修复措施
1	按下起动按钮,主轴电动机发出"嗡嗡"声,不能起动	电动机断相运行造成,可能的原因有: 1)熔断器 FU1 有一相熔丝烧断; 2)接触器有一对主触点接触不良; 3)电动机接线有一处断线	1)更换同规格和型号的熔丝; 2)修复接触器的主触点; 3)重新接线
2	主轴电动机起动后不能自锁	接触器 KM 自锁用的辅助常开触点接触不良或接线松开	修复或更换 KM1 的自锁触点,拧紧松脱的导线
3	按下停止按钮,主轴电动机不会停止	1)停止按钮 SB1 常开触点被卡住或线路中 9、10 两点连接导线短路; 2)接触器 KM 铁心表面粘有污垢; 3)接触器主触点熔焊、主触点被杂物卡住	1)更换按钮 SB1 和导线; 2)清理交流接触器铁心表面污垢; 3)更换 KM 主触点
4	主轴电动机在运行中突然停转	一般由 FR1 动作造成,引起 FR1 动作的原因有 1)三相电源电压不平衡或电源电压较长时间过低; 2)负载过重; 3)电动机 M1 的连接导线接触不良	1)用万用表检查三相电源电压是否平衡; 2)减轻所带的负载; 3)拧紧松开的导线
5	照明灯不亮	1)照明灯泡已坏; 2)照明开关 SA 损坏; 3)熔断器 FU3 的熔丝烧断; 4)变压器一次绕组或二次绕组已烧毁	1)更换同规格和型号的灯泡; 2)更换同规格的开关; 3)更换同规格和型号的熔丝; 4)修复或者更换变压器

活动二

【新课导入】

摇臂钻床也称为摇臂钻,如图 5-26 所示。作为孔加工设备,摇臂钻床主要用于钻孔、扩孔、铰孔、攻丝及修刮端面等,可分为立式钻床、台式钻床、多孔钻床、摇臂钻床及其他专用钻床等。特点是操作方便、灵活,适用范围广,具有典型性。

Z3040 型摇臂钻床的型号规格及含义如图 5-27 所示。

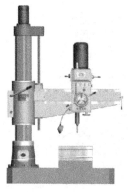

图 5-26　摇臂钻床实物图

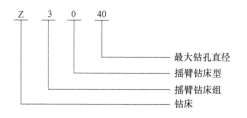

图 5-27　Z3040 型摇臂钻床的型号规格及含义

【知识巩固】

一、Z3040 型摇臂钻床的主要结构

Z3040 型摇臂钻床的主要结构如图 5-28 所示。

1. 主轴箱

主轴箱是一个复合部件，由主传动电动机、主轴和主轴传动机构、进给和变速机构、机床的操作机构等部分组成，如图 5-29 所示。主轴箱安装在摇臂的水平导轨上，借助于丝杠，摇臂可沿着外立柱上下移动摇臂，也可以与外立柱一起相对内立柱回转。

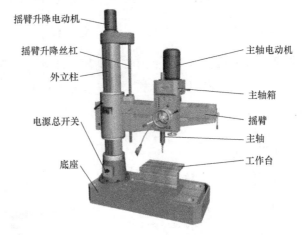

图 5-28　Z3040 型摇臂钻床主要结构

2. 摇臂

摇臂的一端为套筒，它套装在外立柱上做上下移动，如图 5-30 所示。由于丝杠与外立柱连成一体，而升降螺母固定在摇臂上，因此摇臂不能绕外立柱转动，只能与外立柱一起绕内立柱回转。

3. 立柱

摇臂钻床的内立柱固定在底座的一端，在它的外面套有外立柱，外立柱可绕内立柱回转 360°，如图 5-31 所示。

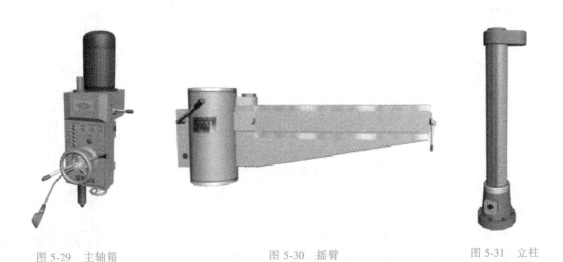

图 5-29　主轴箱　　　　　　　　图 5-30　摇臂　　　　　　　　图 5-31　立柱

二、Z3040 型摇臂钻床的运动形式

1. 操纵手柄系统

在操纵使用钻床前，必须了解钻床的各个操纵手柄的位置和用途，以免因操作不当而损坏机床。Z3040 型摇臂钻床的操纵手柄系统及功能如图 5-32 所示。

2. 运动形式

摇臂钻床的运动形式主要有主轴的旋转运动、钻头的上下运动、主轴箱的水平移动、摇臂沿外立柱的升降运动以及摇臂连同外立柱一起相对于内立柱的回转运动，如图 5-33 所示。

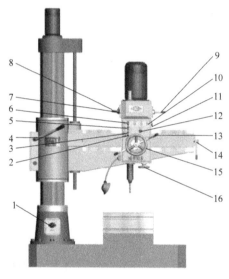

图 5-32　Z3040 型摇臂钻床操作手柄介绍

1—电源开关　2—加紧-松开点动　3—液压泵起动　4—摇臂升降锁紧手柄　5—摇臂点动上升下降　6—主轴起动停止　7—主轴进给量预选手柄　8—主轴进给方式选择手柄　9—主轴转动方式手柄　10—指示灯　11—主轴转速预选手柄　12—急停开关　13—主轴快速升降手轮　14—主轴箱水平移动锁紧手柄　15—主轴箱水平移动手轮　16—主轴低速升降手轮

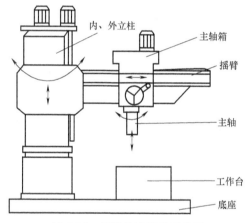

图 5-33　摇臂钻床运动示意图

钻床—主轴旋转运动

钻床—进给运动

钻床—主轴箱水平移动

（1）主运动

摇臂钻床的主运动是主轴带动钻头的旋转运动，如图 5-34 所示。

（2）进给运动

摇臂钻床的进给运动是钻头的上下移动，如图 5-35 所示。

（3）辅助运动——主轴箱水平移动

摇臂钻床的辅助运动——主轴箱水平移动如图 5-36 所示。

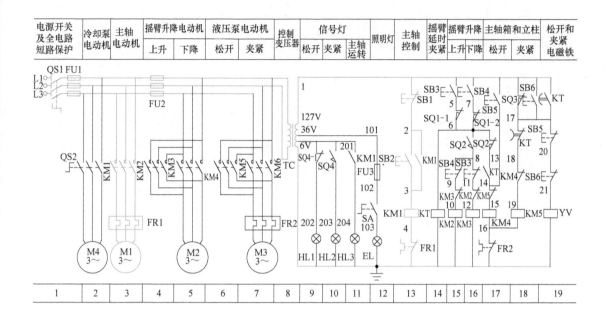

图 5-34　摇臂钻床的主运动工作原理

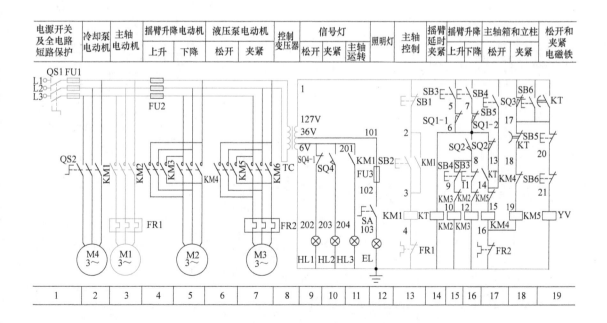

图 5-35　摇臂钻床的进给运动工作原理

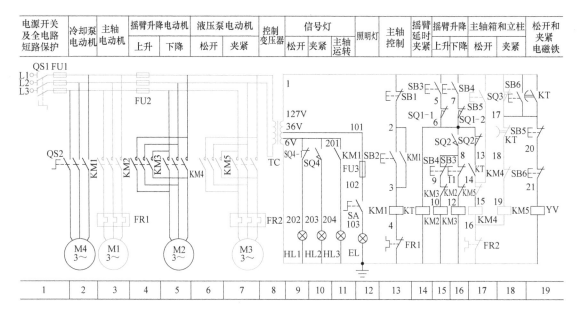

图 5-36　摇臂钻床的主轴箱水平移动工作原理

（4）辅助运动——摇臂上下移动

摇臂钻床的辅助运动——摇臂上下移动如图 5-37 所示。

钻床-摇臂上下移动

图 5-37　摇臂钻床的摇臂上下移动工作原理

三、Z3040 型摇臂钻床的线路分析

1. 电气原理图

Z3040 型摇臂钻床的电气原理图如图 5-38 所示。

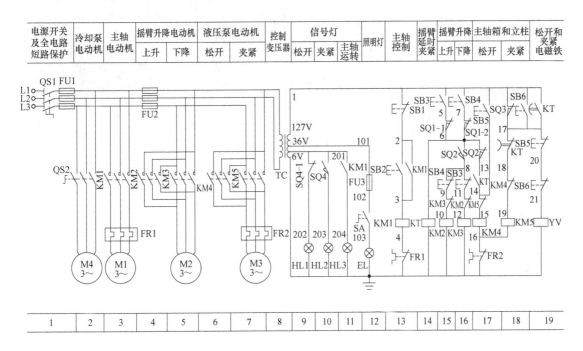

图 5-38 Z3040 型摇臂钻床电气原理图

2. 线路分析

（1）主电路

Z3040 型摇臂钻床共有四台电动机，除冷却泵电动机采用转换开关 QS2 控制外，其余电动机均采用接触器直接控制，如图 5-39 所示。

（2）控制电路

控制电路电源由控制变压器 TC 提供 110V 电压，如图 5-40~图 5-43 所示。

（3）照明电路

钻床照明由控制开关 SA 控制；液压夹紧与松开指示灯由行程开关 SQ4 控制；主轴指示灯由控制主轴电动机的接触器常开触点控制，如图 5-44 所示。

四、Z3040 型摇臂钻床的电气控制线路检修

1. 故障现象

闭合电源开关 QS1，松开摇臂升降油路锁紧手柄，按下摇臂上升按钮 SB3，摇臂不能上升，如图 5-45 所示。

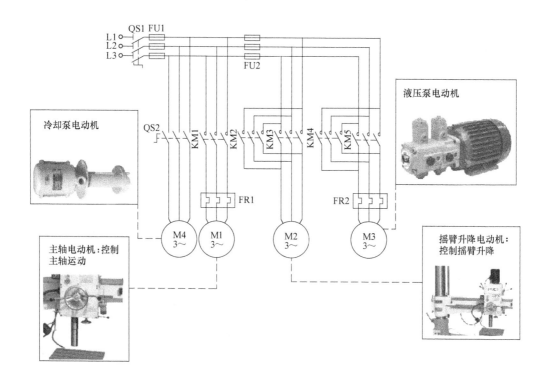

图 5-39　主电路分析

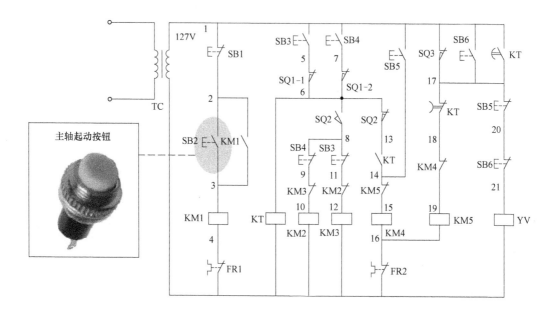

图 5-40　主轴起动按钮

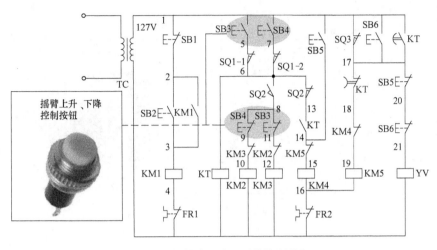

图 5-41 摇臂上升、下降控制按钮

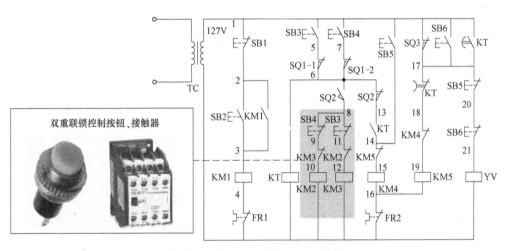

图 5-42 双重联锁控制按钮、接触器

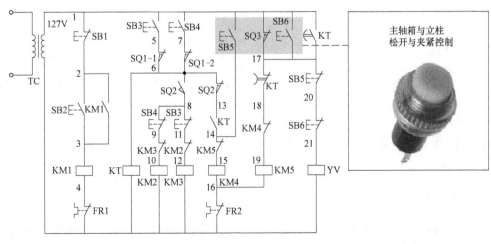

图 5-43 主轴箱与立柱松开、夹紧控制

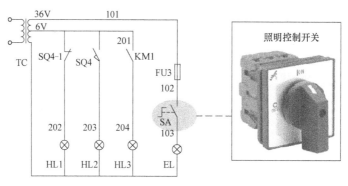

图 5-44　照明电路分析

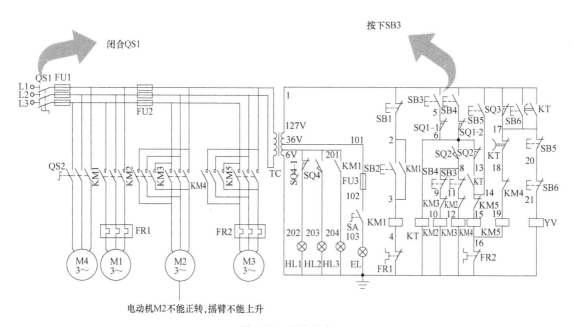

图 5-45　故障现象

2. 故障分析

摇臂上升，按下按钮 SB3，时间继电器 KT 吸合，使离合器 YV 与 KM4 吸合，电动机 M3 运转，摇臂松开，压合行程开关 SQ2，使 KM4 断开，电动机 M3 停转。接通 KM2，使电动机 M2 运转，摇臂上升。

电动机 M2 转动使摇臂上升的关键在于 SQ2 是否被压合，使触点 6-8 之间接通、6-13 断开，如图 5-46 所示。

3. 故障排除

1）断开电源，用万用表电阻挡测量 1-5（按下按钮 SB3）、5-6-KT 线圈是否断路，如图 5-47 所示。

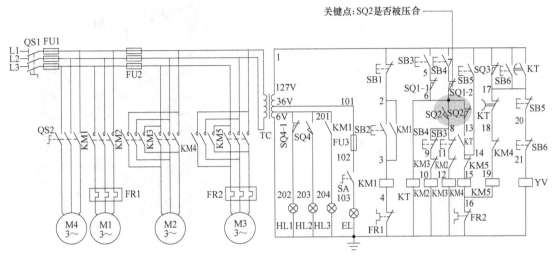

图 5-46　控制电路故障分析

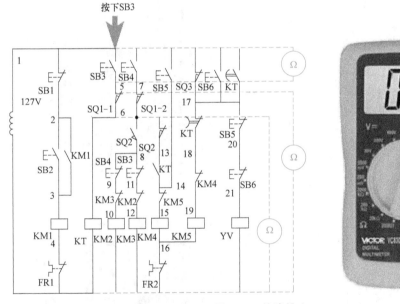

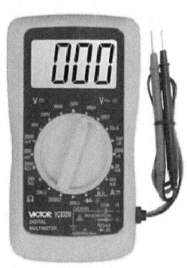

图 5-47　故障排查 1

2）测量 6-8、8-9、9-KM2 线圈是否断路，如图 5-48 所示。

3）若触点、接线均良好，则进行通电检查，用万用表交流挡测量 6-8 是否有电压，如图 5-49 所示。

如果电压显示不正常，则说明此行程开关已经错位，行程开关没有被压合，需要进行重新调整或替换 SQ2，如图 5-50 所示。

4. 通电试车

故障排除后，即可进行通电试车，仿真操作如图 5-51 所示。

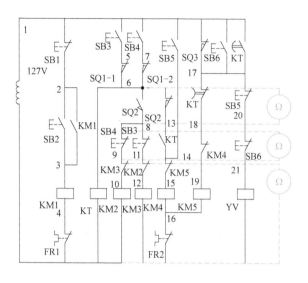

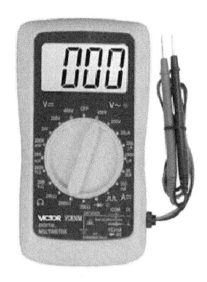

图 5-48　故障排查 2

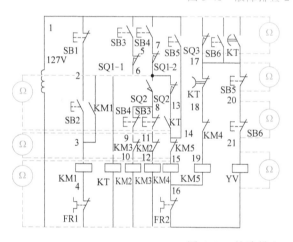

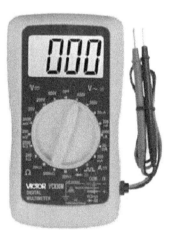

图 5-49　故障排查 3

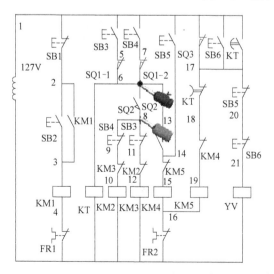

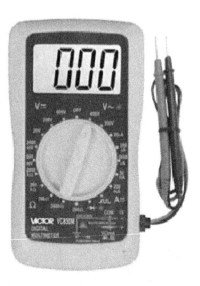

图 5-50　故障排查 4

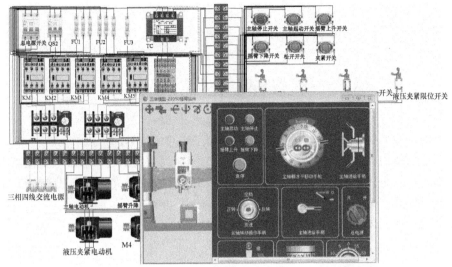

图 5-51 通电试车仿真

5. 摇臂钻床常见故障

摇臂钻床常见故障及检修方法见表 5-4。

表 5-4 摇臂钻床常见故障及检修方法

故障现象	故障分析
主轴电动机不能起动,主轴电动机旋转指示信号灯不亮	1)电源开关 QS1 或控制变压器损坏,需修复或更换; 2)熔断器 FU1 或 FU2 的熔体烧断,应更换; 3)KM1 主触点接触不良或接线松脱,应修复或更换触点,紧固接线; 4)接触器 KM1 本身机械故障或线圈断路,需更换接触器 KM1; 5)主轴电动机烧坏,需修理或更换; 6)指示灯泡坏,需更换
主轴电动机不能停止	1)一般是由于接触器 KM1 的动合触点熔焊造成的,应更换接触器; 2)停止按钮 SB1 损坏,应修复或更换
冷却泵电动机不能起动	1)转换开关 QS2 损坏或接触不良,应修复或更换; 2)冷却泵电动机已损坏,应修复或更换
摇臂不能升降	1)行程开关 SQ2 的安装位置移动或已损坏,应调整紧固或更换 SQ2; 2)液压系统发生故障,检查排除故障; 3)电动机 M3 电源相序接反,应检查调换相序
按下 SB6,立柱、主轴箱能夹紧,但释放后就松开	菱形块和承压块的角度方向装错,或者距离不适当,应请液压、机械修理人员检修油路,排除故障
摇臂升降后摇臂夹不紧	1)SQ3 安装位置不合适,或固定螺钉松动造成 SQ3 移位,应重新调整 SQ3 的动作距离,固定好螺钉; 2)液压系统发生故障,检查排除故障
摇臂上升或下降限位保护开关失灵	1)行程开关 SQ1 损坏,触点不能因开关动作而闭合或接触不良,使线路断开,应修复或更换; 2)行程开关 SQ1 不能动作,触点熔焊,使线路始终处于接通状态,应修复或更换
立柱、主轴箱不能夹紧或松开	1)SB5、SB6 触点接触不良或接线脱落,应修复或更换触点,紧固接线; 2)接触器 KM4 或 KM5 不能吸合,应修复或更换; 3)液压系统的油路堵塞,应请液压、机械修理人员检修油路,排除故障

活动三

【新课导入】

磨床是利用磨具对工件表面进行磨削加工的机床，如图 5-52 所示。

大多数磨床使用高速旋转的砂轮进行磨削加工，少数使用油石、砂带等其他磨具和游离磨料进行加工。它不仅能加工普通的金属材料，而且能加工淬火钢或硬质合金等高硬度材料，使用范围十分广泛。

M7120 型平面磨床的型号规格及含义如图 5-53 所示。

图 5-52　磨床实物图

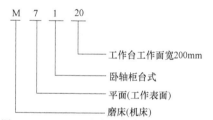

图 5-53　M7120 型平面磨床的型号及含义

【知识巩固】

一、M7120 型平面磨床的主要结构

M7120 型平面磨床的主要结构如图 5-54 所示。

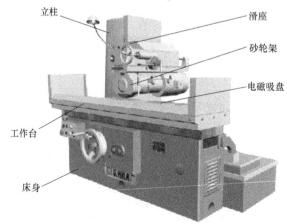

图 5-54　M7120 型平面磨床主要结构

1. 床身

床身固定在左床腿和右床腿上，如图 5-55 所示。床身是车床的基本支承件，用以支承工作台以及安装立柱、工作台、液压系统、电气元件和其他操作结构。

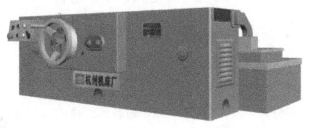

图 5-55　床身

2. 工作台

工作台用以安装工件并由液压系统带动做往复直线运动，有效工作面积为 630mm×200mm（工作台工作面宽），如图 5-56 所示。工作面及中央 T 形槽侧面经过精细的磨削，其精度和光洁度较高，是安装工件或夹具的重要基面，应小心使用和加以保护。

3. 电磁吸盘

电磁吸盘由底壳、铁心、线圈、面板、接线盒组成，是利用通电导体在铁心中产生的磁场吸牢铁磁材料的工件，可以用来固定钢铁类零件，使零件紧固以便于加工，也可以紧固磨床夹具，以加工难以加工的平面，如图 5-57 所示。

4. 砂轮架

砂轮架用以安装砂轮并带动砂轮做高速旋转，砂轮架可沿滑座的燕尾导轨做手动或液动的横向间隙运动，如图 5-58 所示。

图 5-56　工作台

图 5-57　电磁吸盘

5. 滑座

滑座用以安装砂轮架并带动砂轮架沿立柱导轨做上下垂直运动，如图 5-59 所示。

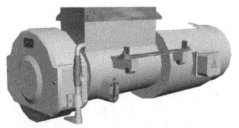

图 5-58　砂轮架

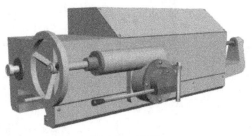

图 5-59　滑座

二、M7120 型平面磨床的运动形式

1. 操纵手柄系统

在操纵使用磨床前,必须了解磨床的各个操纵手柄的位置和用途,以免因操作不当而损坏机床,实际 M7120 型平面磨床的操纵手柄系统及功能如图 5-60 所示。

2. 运动形式

（1）主运动

磨床的主运动为砂轮的旋转运动,如图 5-61 所示。

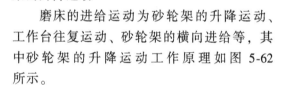

磨床-主运动

（2）进给运动——砂轮架的升降运动

磨床的进给运动为砂轮架的升降运动、工作台往复运动、砂轮架的横向进给等,其中砂轮架的升降运动工作原理如图 5-62 所示。

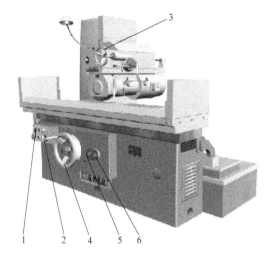

图 5-60　M7120 型平面磨床操作手柄介绍

1—砂轮箱上下控制手柄　2—吸盘控制手柄　3—纵向进给手轮　4—垂直进给手轮　5—工作台横向移动手柄　6—砂轮箱纵向运动手柄

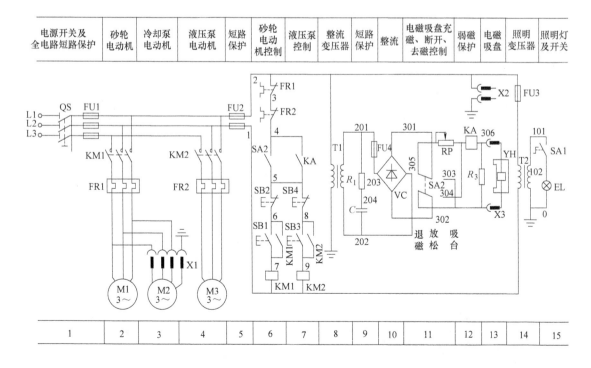

图 5-61　磨床的主运动工作原理

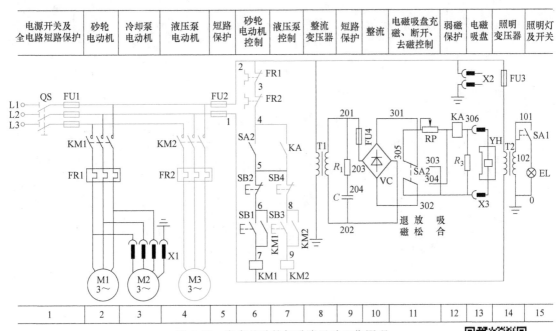

图 5-62　磨床的砂轮架升降运动工作原理

磨床-砂轮架升降运动

（3）进给运动——工作台往复运动

磨床的工作台往复运动工作原理，如图 5-63 所示。

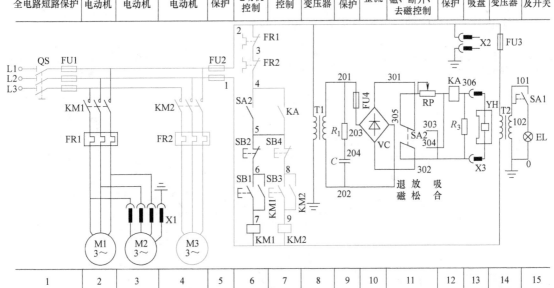

图 5-63　磨床的工作台往复运动工作原理

磨床-工作台往复运动

（4）辅助运动

磨床的辅助运动主要有工件的夹紧、工作台的快速移动、工件
的夹紧与放松等，如图 5-64 所示。

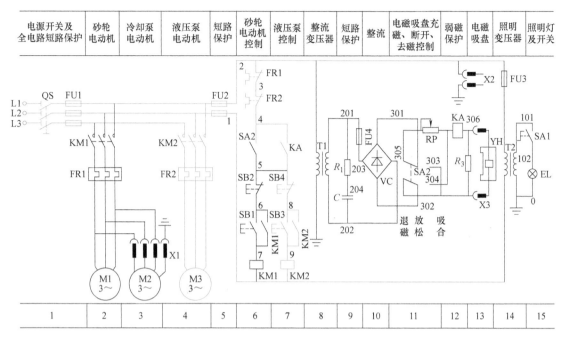

图 5-64　磨床的辅助运动工作原理

三、M7120 型平面磨床的线路分析

1. 电气原理图

M7120 型平面磨床的电气原理图如图 5-65 所示。

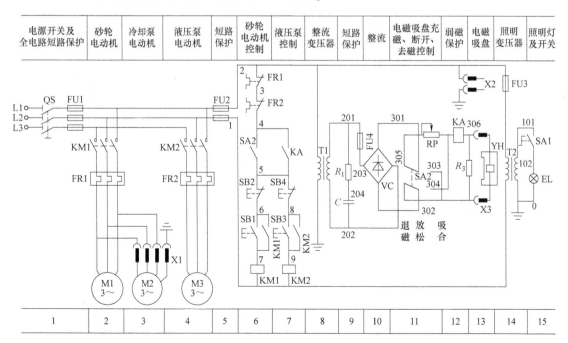

图 5-65　M7120 型磨床电气原理图

2. 线路分析

（1）主电路

三相交流电源由电源开关 QS 引入，FU1 用作全电路的短路保护。

砂轮电动机 M1 和液压电动机 M3 分别由接触器 KM1、KM2 控制，并分别由热继电器 FR1、FR2 作过载保护。冷却泵电动机 M2 由插头和插座 X1 接通电源，在需要提供冷却液时才插上，如图 5-66 所示。

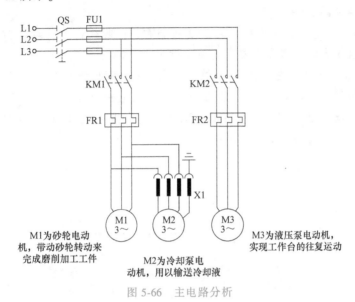

图 5-66　主电路分析

（2）控制电路

如图 5-67 所示，砂轮电动机与液压电动机必须在如下条件之一成立时方可起动：

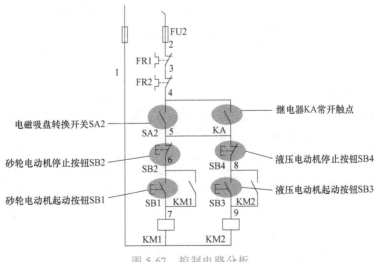

图 5-67　控制电路分析

1）电磁吸盘 YH 工作，且欠电流继电器 KA 通电吸合，表明吸盘电路足够大，足以将工件吸牢时，其 KA 触点闭合。

2）若电磁吸盘 YH 不工作，SA1 置于退磁位置，其 SA2 触点闭合。

3）按下起动按钮 SB1（或 SB3），接触器 KM1（或 KM2）线圈得电，主触点闭合，常开触点 KM1（或 KM2）闭合自锁，砂轮电动机 M1（或液压泵电动机 M3）起动运转。

4）按下停止按钮 SB2（或 SB4），接触器 KM1（或 KM2）线圈失电，KM1（或 KM2）主触点复位断开，砂轮电动机 M1（或液压泵电动机 M3）停止转动。

（3）电磁吸盘电路分析

电磁吸盘电路如图 5-68 所示。

1）待加工时，将电磁吸盘控制开关 SA2 扳至右边的吸合位置，触点 301-303、302-304 接通，电磁吸盘绕组通电，产生电磁吸力将工件牢牢吸持。

2）加工结束后，将 SA2 扳至中间的放松位置，电磁吸盘绕组断电，将工件取下。

3）如果工件有剩磁难以取下，可将 SA2 扳至左边退磁位置，触点 301-305、303-304 接通，此时绕组通以反向电流产生反向磁场，对工件进行退磁（注意：这时要控制退磁的时间，否则工件会因反向充磁而更难取下）。

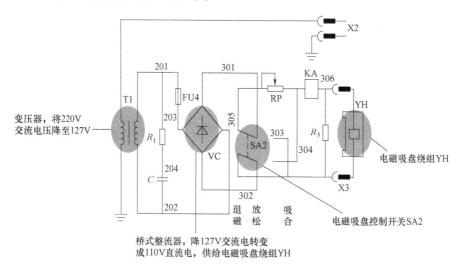

图 5-68　电磁吸盘电路分析

（4）照明电路分析

照明变压器 T2 将 380V 交流电压降至 36V 安全电压供给照明灯 EL，EL 的一端接地，SA1 为照明开关，由 FU3 提供照明电路的短路保护，如图 5-69 所示。

四、M7120 型平面磨床的电气控制线路检修

1. 故障现象

闭合电源开关 QS，扳动 SA2 至吸合位置，发现电磁吸盘绕组 YH 不通电，电磁吸盘无法吸持工件，如图 5-70 所示。

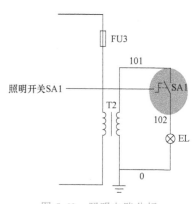

图 5-69　照明电路分析

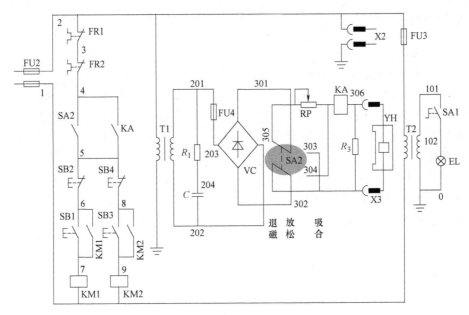

图 5-70 故障现象

2. 故障分析

根据故障现象，在电气原理图上标出可能出现故障的区域。

（1）转换开关 SA2 位置

可能故障点：桥式整流器输出直流电压断路、转换开关 SA2 损坏，如图 5-71 所示。

（2）继电器 KA 线圈位置

可能故障点：继电器 KA 线圈断开，如图 5-72 所示。

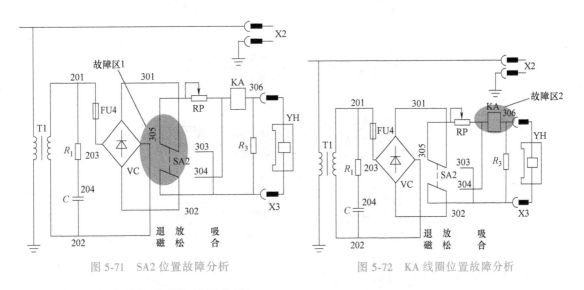

图 5-71　SA2 位置故障分析　　　　图 5-72　KA 线圈位置故障分析

（3）X3 插座及电磁吸盘线圈位置

可能故障点：插座 X3 接触不良、电磁吸盘 YH 断开，如图 5-73 所示。

3. 故障排除

（1）电源线路

主要故障区排查前，首先排除电源线路，即三相电源、熔断器 FU1、熔断器 FU2、熔断器 FU4 及相关线路是否存在故障，排查流程如图 5-74 所示。

（2）主故障区

在电源线路正常的情况下，按照图 5-75 排查流程检查主故障区电路，查出故障点。

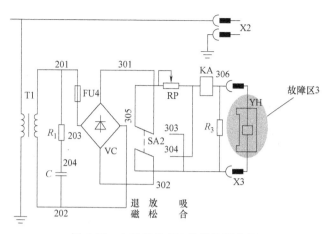

图 5-73　电磁吸盘 YH 位置故障分析

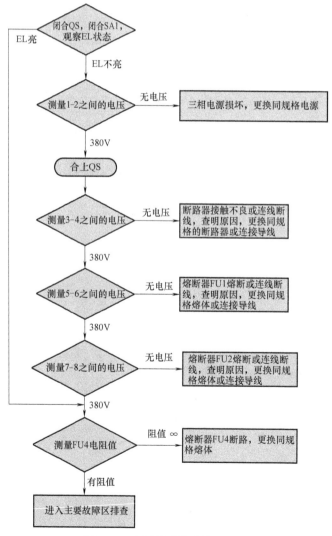

图 5-74　电源线路故障排查流程

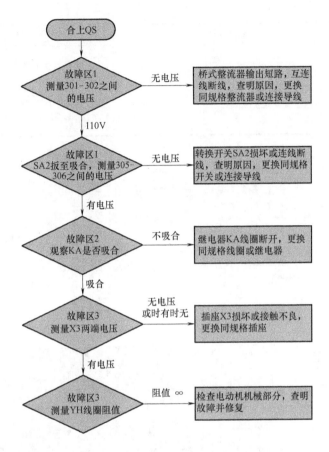

图 5-75　主故障区故障排查流程

4. 通电试车

故障排除后，即可进行通电试车，仿真操作如图 5-76 所示。

5. 磨床常见故障

磨床常见故障及检修方法见表 5-5。

表 5-5　磨床常见故障及检修方法

故障现象	故障原因	处理方法
三台电动机均不能起动	欠电流继电器 KA 的常开触点和转换开关 QS2 的触点 3-4 接触不良、接线松脱或有油垢，使电动机的控制电路处于断电状态	分别检查欠电流继电器 KA 的常开触点和转换开关 QS2 的触点(3-4)的接触情况，不通则修理或更换
砂轮电动机热继电器 FR1 经常动作	1)M1 前轴承铜瓦磨损后易发生堵转现象，使电流增大，导致热继电器动作； 2)砂轮进刀量太大，电动机超载运行； 3)热继电器规格选择太小或整定电流过小	1)修理或更换轴瓦； 2)选择合适的进刀量，防止电动机超载运行； 3)更换或重新整定热继电器

（续）

故障现象	故障原因	处理方法
电磁吸盘退磁不好,使工件取下困难	1) 退磁电路断路,根本没有退磁; 2) 退磁电压过高; 3) 退磁时间太长或太短	1) 检查转换开关 QS2 接触是否良好,退磁电阻 R_2 是否损坏; 2) 应调整电阻 R_2; 3) 根据不同材质掌握好退磁时间

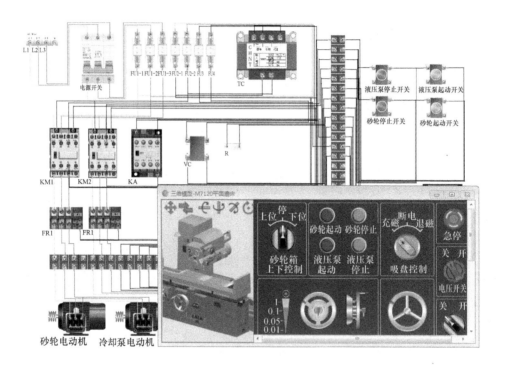

图 5-76　通电试车仿真

活动四

【新课导入】

铫床的种类很多，按照结构形式和加工性能的不同，可分为卧式铣床、立式铣床、仿形铣床、龙门铣床、专用铣床和万能铣床等，如图 5-77 所示。X62W 型万能铣床是一种多用途卧式铣床，它可以用圆柱铣刀、圆片铣刀、角度铣刀、成形铣刀及面铣刀等刀具对各种零件进行平面、斜面、沟槽及成形表面的加工，装上分度盘可以铣削齿轮和螺旋面，装上回转工作台可以铣削凸轮和弧形槽等。

X62W 型万能铣床的型号规格及含义如图 5-78 所示。

图 5-77　铣床实物图

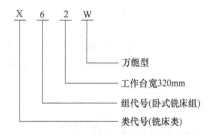

图 5-78　X62W 型万能铣床的型号规格及含义

【知识巩固】

一、X62W 型万能铣床的主要结构

X62W 型万能铣床的主要结构如图 5-79 所示。

1. 床身和底座

箱型的床身固定在底座上，在床身内装有主轴的传动机构和变速操纵机构，如图 5-80 所示。

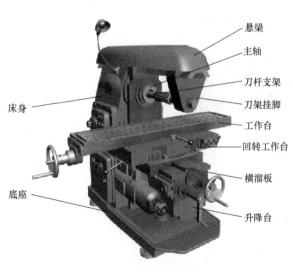

图 5-79　X62W 型万能铣床主要结构

图 5-80　床身和底座

2. 悬梁和刀杆支架

在床身的顶部有水平导轨，上面装着带有一个或两个刀杆支架的悬梁。刀杆支架用来支承铣刀心轴的一端，心轴另一端则固定在主轴上，由主轴带动铣刀切削。悬梁可以水平移动，刀杆支架可以在悬梁水平移动，以便安装不同的心轴，如图 5-81 所示。

3. 横溜板和升降台

在床身的前面有垂直导轨，升降台可沿着它上、下移动。在升降台上面的水平导轨上，装有可平行主轴轴线方向移动（横向移动或前后移动）的滑板，如图 5-82 所示。

图 5-81　悬梁和刀杆支架　　　　　　　图 5-82　横溜板和升降台

4. 工作台

滑板上部有可转动部分，工作台就在滑板上部可转动部分的导轨上做垂直于主轴轴线方向的移动（纵向移动）。工作台上有 T 形槽来固定工件，这样安装在工作台上的工件就可以在三个坐标轴的六个方向上调整位置或进给，如图 5-83 所示。

图 5-83　工作台

二、X62W 型万能铣床的运动形式

1. 操纵手柄系统

在操纵使用铣床前，必须了解铣床的各个操纵手柄的位置和用途，以免因操作不当而损

坏机床。X62W 型万能铣床的操纵手柄系统及功能如图 5-84 所示。

图 5-84　X62W 型万能铣床操作手柄介绍

1—横梁移动与锁紧手柄　2—主轴变速调节手轮　3—主轴变速手柄　4—主轴正、反转操纵手柄　5—工作台横向手轮
6—横向锁紧手柄　7—纵向锁紧手柄　8—进给量调节手轮　9—工作台进给手柄
10—工作台升降手轮　11—工作台纵向手柄　12—工作台横向进给手柄

2. 运动形式

（1）主运动

万能铣床的主运动是主轴带动铣刀的旋转运动，如图 5-85 所示。

铣床-主运动

电源开关及 短路保护	主轴 电动机	冷却泵 电动机	进给电动机	整流器 主轴制动	工作台 快速移动	控制照明 变压器	主轴控制 冲动、起动、制动	快速 进给	工作台进给控制冲动， 上、下、左、右、前、后移动	照明
1	2	3	4	5	6	7	8	9	10	11	12	13

图 5-85　万能铣床的主运动工作原理

（2）进给运动

万能铣床的进给运动是工件随工作台在前后（横向）、左右（纵向）和上下（垂直）六个方向上的运动，如图 5-86 所示。

铣床-进给运动

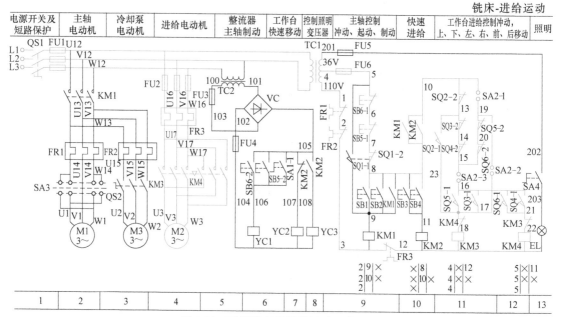

图 5-86　万能铣床的进给运动工作原理

（3）辅助运动

万能铣床的辅助运动是为提高劳动生产效率、减少生产辅助工时，在不进行铣削加工时，可使工作台快速移动，如图 5-87 所示。

铣床-辅助运动

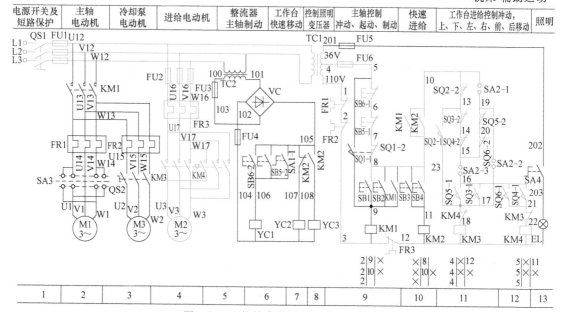

图 5-87　万能铣床的辅助运动工作原理

三、X62W 型万能铣床的线路分析

1. 电气原理图

X62W 型万能铣床的电气原理图如图 5-88 所示。

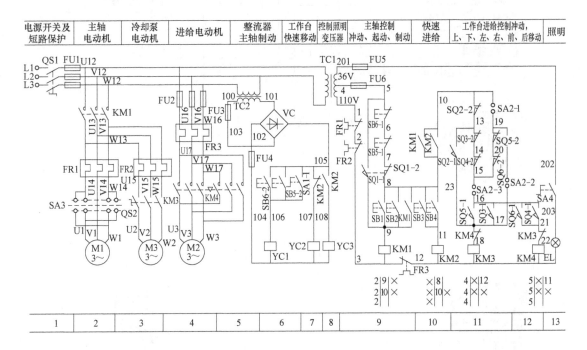

图 5-88　X62W 型万能铣床电气原理图

2. 线路分析

（1）主电路

主电路共有三台电动机：M1 是主电动机，拖动主轴带动铣刀旋转进行铣削加工，其正反转由换向组合开关 SA3 实现，由 KM1 控制；M2 是工作台进给电动机，拖动升降台及工作台进给，由正反转接触器 KM3 和 KM4 主触点控制；M3 是冷却泵电动机，供应切削液，由转换开关 QS2 控制，如图 5-89 所示。

（2）控制电路

1）主轴电动机的控制如图 5-90 所示。

主轴电动机的起动：起动前先合上电源开关 QS1，再把主轴转换开关 SA3 扳到所需要的旋转方向，然后按起动按钮 SB1（或 SB2），接触器 KM1 得电动作，其主触点和自锁触点闭合，主轴电动机 M1 起动。主轴转换开关 SA3 的功能见表 5-6。

主轴电动机的停车制动：按下停止按钮 SB5（或 SB6），接触器 KM1 线圈断开释放，电动机 M1 停电，同时由于 SB5-2（或 SB6-2）接通电磁离合器 YC1，对主轴电动机 M1 进行制动。当主轴停车后方可松开停止按钮。

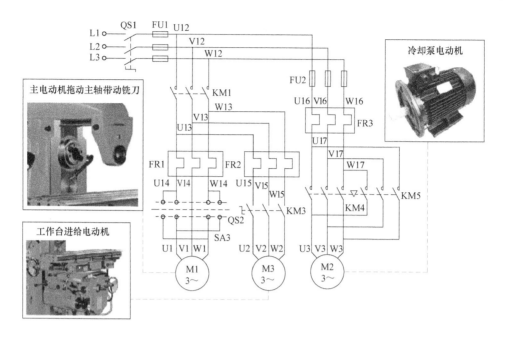

图 5-89　主电路分析

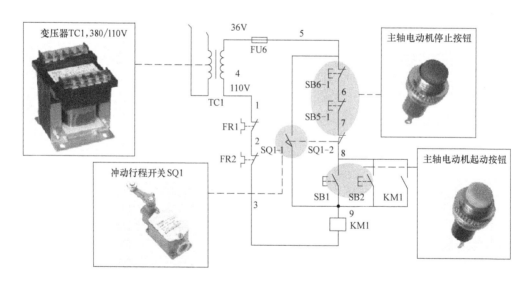

图 5-90　主轴电动机的控制分析

表 5-6　主轴转换开关 SA3 功能

触点　　　位置	正转	停止	反转
SA3-1	−	−	+
SA3-2	+	−	−
SA3-3	+	−	−
SA3-4	−	−	+

主轴变速时的冲动控制：利用主轴变速手柄与冲动行程开关 SQ1 通过机械上的联动机构进行控制。将主轴变速手柄拉开，啮合好的齿轮脱离，用变速盘调整所需要的转速，然后将变速手柄扳回原位，使传动比改变的齿轮组重新啮合。由于齿与齿之间的位置不能刚好对上，造成啮合困难。若在啮合时齿轮系统能冲动一下，啮合将十分方便。当手柄推进时，手柄上装的凸轮将弹簧杆推动一下又返回，而弹簧杆又推动一下行程开关 SQ1，SQ1 的常闭触点 SQ1-2 先断开，然后常开触点 SQ1-1 闭合，使接触器 KM1 通电吸合，电动机 M1 起动，紧接着凸轮放开弹簧杆，SQ1 复位，常开触点 SQ1-1 先断开，常闭触点 SQ1-2 闭合，电动机 M1 断电。此时并未采取制动措施，故电动机 M1 产生一个冲动齿轮系统的力，足以使齿轮系统抖动，从而保证了齿轮的顺利啮合。

　　2）工作台进给电动机的控制如图 5-91 所示。

　　工作台纵向进给：由工作台纵向操纵手柄控制。该手柄有三个位置：向左、向右、停止。

　　① 工作台向右运动，主轴电动机 M1 起动后，将操作手柄向右扳，其联动机构压合行程开关 SQ5，常开触点 SQ5-1 闭合，常闭触点 SQ5-2 断开，接触器 KM3 通电吸合，电动机 M2 正转起动，带动工作台向右进给。

　　② 工作台向左进给，控制过程与向右进给相似，只是将纵向操作手柄拨向左，这时行程开关 SQ6 被压合，常开触点 SQ6-1 闭合，常闭触点 SQ6-2 断开，接触器 KM4 通电吸合，电动机 M2 反转，工作台向左进给。

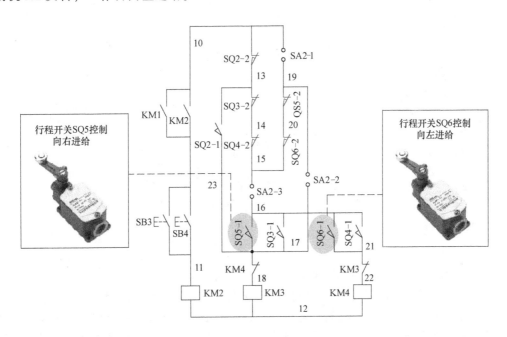

图 5-91　工作台纵向进给控制分析

　　工作台升降和横向（前后）进给：由工作台横向进给手柄控制。该手柄有五个位置，即上、下、前、后和中间位置，相应的运动状态见表 5-7。

　　① 工作台向上（下）运动：在主轴电动机 M1 起动后，将工作台纵向操作手柄扳到中间

表 5-7　工作台横向进给手柄位置及相应的运动状态

手柄位置	运动方向	离合器接通的丝杠	行程开关动作	接触器动作	电动机运转
上	向上进给	垂直丝杠	SQ4	KM4	M2 反转
下	向下进给	垂直丝杠	SQ3	KM3	M2 正转
前	向前进给	横向丝杠	SQ3	KM3	M2 正转
后	向后进给	横向丝杠	SQ4	KM4	M2 反转
中间	停止	横向丝杠	—	—	—

位置，把操作手柄扳到向上（下）位置，接通垂直传动丝杠的离合器，使行程开关 SQ4（SQ3）动作，常开触点 SQ4-1（SQ3-1）闭合，常闭触点 SQ4-2（SQ3-2）断开，接触器 KM4（KM3）得电吸合，电动机 M2 反（正）转，工作台向上（下）运动。将手柄扳回中间位置，工作台停止运动。

②工作台向前（后）运动：控制过程与向上（下）运动相似，将纵向操纵手柄扳到向前（后）位置，机械装置将横向传动丝杠的离合器接通，同时压合行程开关 SQ3（SQ4），KM3（KM4）得电吸合，电动机 M2 正（反）转，工作台向前（后）运动，如图 5-92 所示。

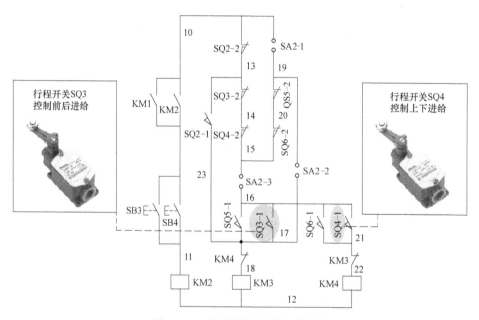

图 5-92　工作台横向进给控制分析

3）进给变速冲动控制如图 5-93 所示。

在进给变速时，为使齿轮进入良好的啮合状态，也要做变速后的瞬间点动。在进给变速时，只需将变速盘往外拉，使进给齿轮松开，待转动变速盘选择好，将变速盘向里推。推进时，挡块压合行程开关 SQ2，首先使常闭触点 SQ2-2 断开，然后常开触点 SQ2-1 闭合，接触器 KM3 通电吸合，电动机 M2 起动。但它并未转起来，行程开关 SQ2 已复位，首先断开 SQ2-1，然后闭合 SQ2-2，接触器 KM3 失电，电动机失电停转，从而使电动机接通一次电源，齿轮系统产生一次抖动，使齿轮啮合顺利进行。

4）工作台的快速移动控制如图 5-94 所示。

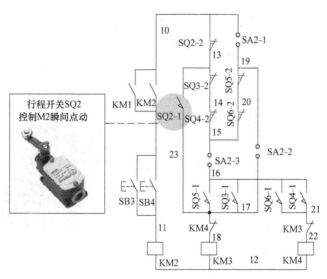

图 5-93　进给变速冲动控制分析

按下快速移动按钮 SB3 或 SB4，接触器 KM2 通电吸合，其常开触点（10）闭合，接通进给控制电路，常开触点（8）也闭合，电磁离合器 YC3 得电，常闭触点（7）断开，YC2 失电，工作台实现快速移动。

当工作台快速移动到预定位置时，松开快速移动按钮 SB3 或 SB4，接触器 KM2 断电释放，YC3 断开，YC2 吸合，工作台快速移动停止。

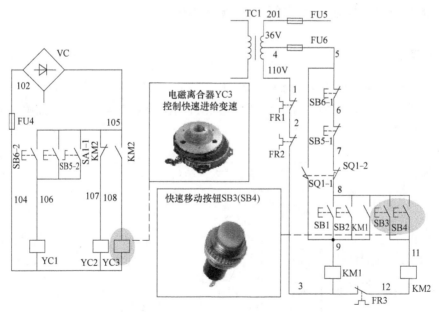

图 5-94　工作台快速移动控制分析

5）回转工作台的控制如图 5-95 所示。

将转换开关 SA2 切换到回转工作台，此时 SA2-1 和 SA2-3 断开、SA2-2 闭合，如图 5-95 所示。当主电动机 M1 起动后，回转工作台即开始工作，其控制电路的导通顺序为：电源→

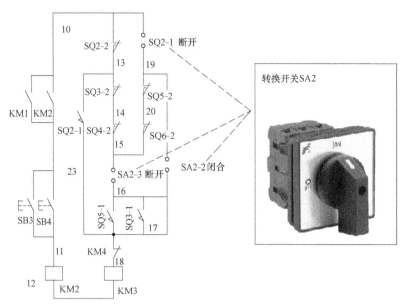

图 5-95　回转工作台控制分析

SQ2-2→SQ3-2→SQ4-2→SQ6-2→SQ5-2→SA2-2→KM4 常闭触点（14）→KM3 线圈→电源，接触器 KM3 通电吸合，电动机 M2 正转。该电动机带动一根专用轴，使回转工作台绕轴心回转，铣刀铣出圆弧。按下主轴停止按钮 SB5 或 SB6，主轴停转，回转工作台也停转。

四、X62W 型万能铣床的电气控制线路检修

1. 故障现象

闭合电源开关 QS1，按下主轴起动按钮 SB1，电动机 M1 运转，但是无论扳动工作台纵向手柄或垂直和横向操纵手柄，工作台均不能进给，电动机 M2 无法起动，如图 5-96 所示。

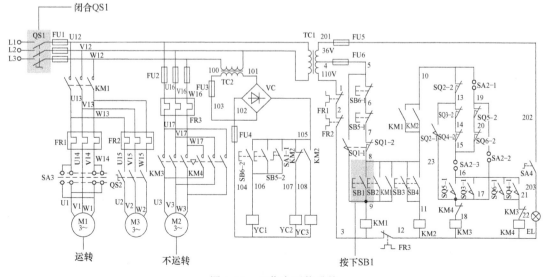

图 5-96　工作台不能进给

2. 故障分析

根据故障现象，在电气原理图上标出可能的最小故障范围。

（1）主电路

主电路中，可能出现故障的点有熔断器 FU2 熔断或者连线断线、热继电器 FR3 与接触器 KM3 之间的连线故障、接触器 KM3 和 KM4 的主触点接触不良或者烧毛、甚至包括主电动机绕组烧损等，如图 5-97 所示。

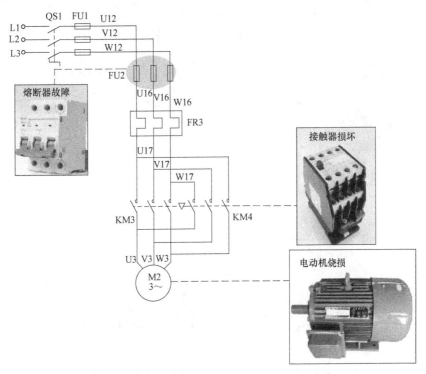

图 5-97 主电路故障分析

（2）控制电路

主轴电动机起动后，压合行程开关 SQ3 ~ SQ6 后，KM3 或 KM4 线圈均不吸合，则故障可能存在于控制电路中的公共部分，可能存在的故障点有 KM1 联锁触点接触不良或连线断路、KM1 触点至 SA2-1 或 SQ2-2 导线断线、FR3 动断触点接触不良或至 KM2 导线断线等，如图 5-98 所示。

3. 故障排除

（1）KM3 和 KM4 吸合

电路通电后，确认 KM3 和 KM4 是否吸合，如果吸合，则故障必然发生在主电路上，可按如图 5-99 所示流程检修。

（2）KM3 和 KM4 不吸合

如果 KM3 和 KM4 均不吸合，故障点可能存在于控制电路的电源部分，检修流程如图 5-100 所示。

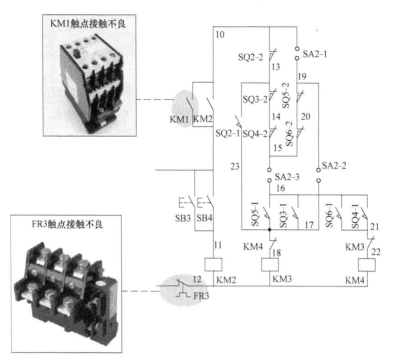

图 5-98　控制电路故障分析

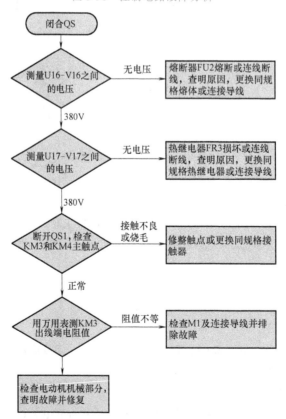

图 5-99　主电路故障检修流程

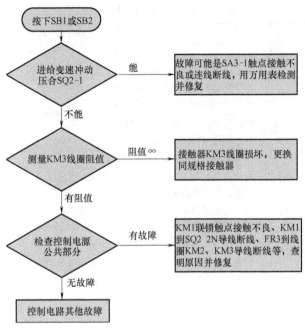

图 5-100　控制电路电源部分故障检修流程

4. 通电试车

故障排除后，即可进行通电试车，仿真操作如图 5-101 所示。

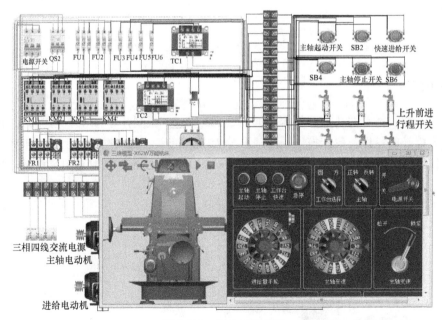

图 5-101　通电试车仿真

5. 铣床常见故障

铣床常见故障及检修方法见表 5-8。

表 5-8　铣床常见故障及检修方法

故障现象	故障分析
主轴电动机不能起动	1）主轴换向开关 SA3 在停止位置； 2）总电源熔断器 FU1 熔体烧断，应更换熔体； 3）熔断器 FU6 熔体烧断，应更换熔体； 4）起动、停止按钮接触不良，应修复或更换
按下停止按钮主轴不停	1）主轴停止按钮的动断触点熔焊； 2）接触器 KM1 主触点熔焊
主轴不能制动	1）整流变压器烧坏； 2）熔断器 FU3、FU4 熔体熔断，应更换熔体； 3）整流二极管损坏； 4）主轴起动用接触器的动断触点接触不良； 5）主轴停止按钮的动合触点接触不良； 6）主轴制动电磁离合器线圈烧坏
工作台不能快速移动	1）快速移动按钮 SB3 或 SB4 的触点接触不良或接线松动脱落； 2）接触器 KM2 的线圈烧坏； 3）整流二极管损坏； 4）快速离合器 YC3 损坏
主轴不能变速运动	行程开关 SQ1 损坏，如开关的位置不正确、断线或已被撞坏
进给变速不能冲动	1）行程开关 SQ2 损坏，如开关的位置不正确、断线或已被撞坏； 2）进给操作手柄不在零位

活动五

【新课导入】

　　镗床是一种较精密的孔加工机床，如图 5-102 所示，主要用于加工较精确的孔和孔间距离要求较为精确的零件。镗床按不同用途可分为卧式镗床、立式镗床、坐标镗床和专用镗床等，卧式镗床具有万能性特点，它不但能完成孔加工，而且还能完成车削端面及内外圆、铣削平面等工作。

　　T68 型镗床的型号规格及含义如图 5-103 所示。

图 5-102　镗床实物图

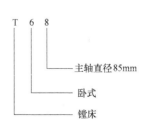

图 5-103　T68 型镗床的型号及含义

【知识巩固】

一、T68 型镗床的主要结构

T68 型镗床的主要结构如图 5-104 所示。

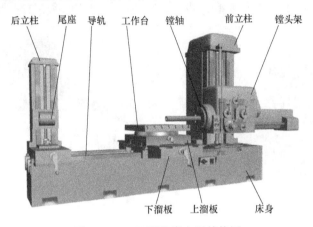

图 5-104　T68 型镗床主要结构图

1. 床身和前、后立柱

床身将各部件联合起来，前立柱固定在床身一端，上面装有镗头箱，镗头箱可以在前立柱的垂直导轨上进行上下移动；后立柱装在床身另一端，可以沿床身水平方向移动，后立柱上的尾架可以沿后立柱上下移动，如图 5-105 所示。

2. 镗头箱

镗头箱里集中地装有主轴部分、变速箱、进给箱与操纵机构等部件，如图 5-106 所示。

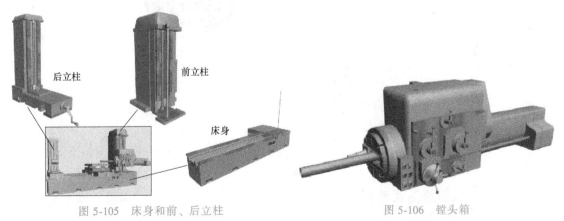

图 5-105　床身和前、后立柱　　　　　　图 5-106　镗头箱

3. 工作台与上、下溜板

安装加工工件的工作台，可以沿床身和工作台之间的上溜板做纵向移动，上溜板和工作

台又装在下溜板上，下溜板可以带着工作台做横向移动，如图 5-107 所示。

4. 镗轴与平旋盘

切削刀具可以安装在镗轴孔内，镗轴可以深入工件孔内镗削，也可以将镗轴缩回，把刀具安装在平旋盘上的滑板内铣削端面。镗杆和平旋盘同心不同轴，它们各自独立旋转，镗轴可以轴向进给，平旋盘不能轴向进给，即平旋盘不能外伸，如图 5-108 所示。

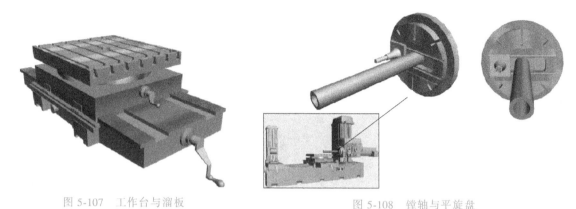

图 5-107　工作台与溜板

图 5-108　镗轴与平旋盘

5. 尾座

后立柱的尾座用来支持装夹在镗轴上的镗杆末端，它与镗头架同时升降，保证两者的轴心始终在同一直线上、后立柱可沿着床身导轨在镗轴的轴线方向调整位置，如图 5-109 所示。

图 5-109　尾座

二、T68 型镗床的运动形式

1. 操纵手柄系统

在操纵使用镗床前，必须了解镗床的各个操纵手柄的位置和用途，以免因操作不当而损坏机床。T68 型镗床的操纵手柄系统及功能如图 5-110 所示。

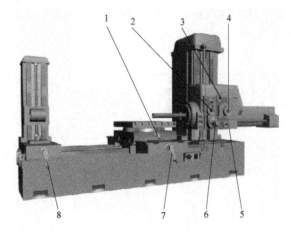

图 5-110　T68 型镗床操作手柄介绍

1—工作台纵向移动手柄　2—联动控制功能手柄　3—主轴速度控制手柄　4—快速移动手柄　5—正、反转切换手柄
6—主轴转速进给选择手柄　7—工作台横向移动手柄　8—尾座移动手柄

2. 运动形式

（1）主运动

镗床的主运动为镗轴的旋转运动与平旋盘的旋转运动，工作原理如图 5-111 所示。

镗床-主运动

电源开关及短路保护	主轴电动机	短路保护	快进电动机	控制电源	照明	电源指示	主轴正反转		主轴、进给速度变换控制	主轴点动和制动控制	主轴高低速	正反转快速进给
1	2	3	4	5	6	7	8	9	10　11	12	13　14	15　16

图 5-111　镗床的主运动工作原理

（2）进给运动

镗床的进给运动是指镗轴的轴向进给、镗头架的垂直进给、工作台的横向进给和纵向进给，如图 5-112 所示。

镗床-进给运动

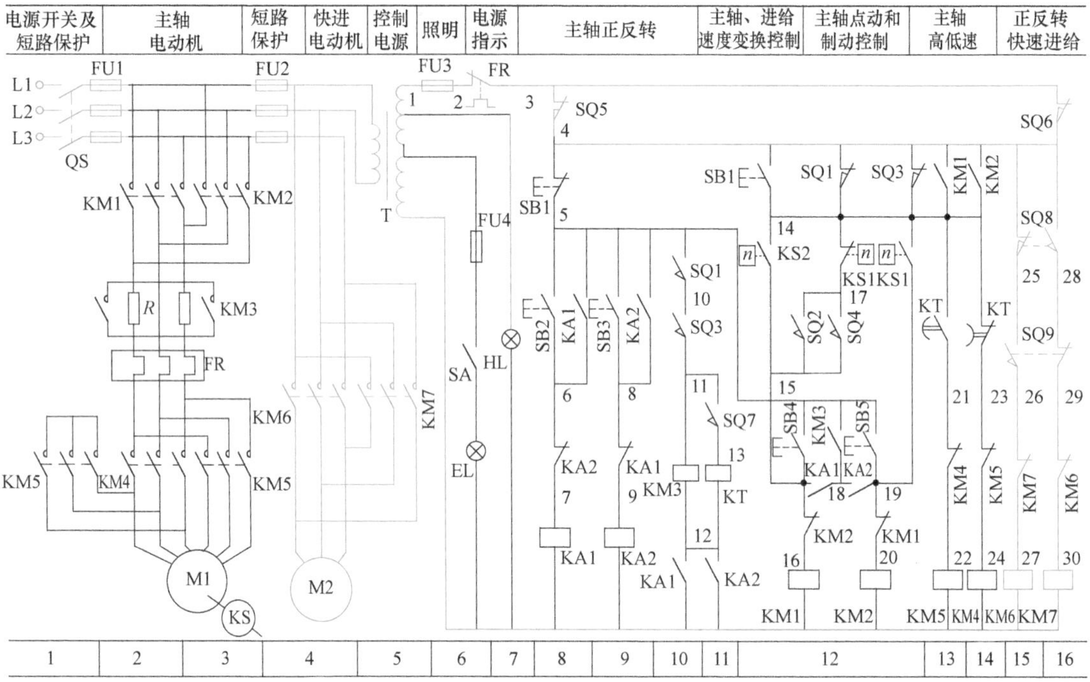

图 5-112　镗床的进给运动工作原理

（3）辅助运动

镗床的辅助运动是指后立柱及尾座的水平移动。

镗床-辅助运动

三、T68 型镗床的线路分析

1. 电气原理图

T68 型镗床的电气原理图如图 5-113 所示。

2. 线路分析

（1）主电路

主电路中有两台电动机，即主轴电动机 M1 和快速移动电动机 M2。M1 用接触器 KM1 和 KM2 控制正反转，KM3、KM4 和 KM5 作 △-丫丫变速切换；M2 用 KM6 和 KM7 控制正反转，如图 5-114 所示。

（2）控制电路

1）主轴电动机的控制 如图 5-115 所示。

M1 正反转低速控制：主轴速度控制手柄置于低速档位→SQ 断开，SQ1、SQ3 闭合→按下 SB2（或 SB3）→KA1（或 KA2）线圈得电→其自锁触点和辅助常开触点闭合→KM3 线圈

项目五　典型机床控制线路及常见故障分析

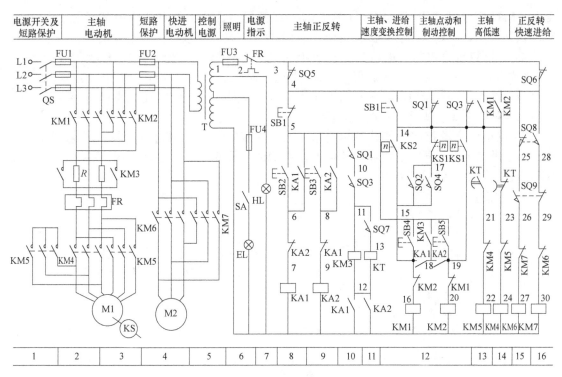

图 5-113　T68 型镗床电气原理图

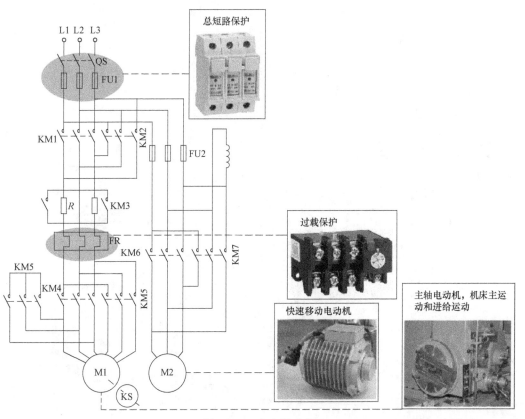

图 5-114　主电路分析

得电→KM3 常开触点闭合→KM1（或 KM2）线圈得电，其主触点和辅助常开触点闭合→KM4 线圈得电，主触点闭合→主轴电动机 M1△联结正转（或反转）低速运转。

M1 正反转高速控制：主轴速度控制手柄置于高速挡位→SQ，SQ1、SQ3 闭合→按下 SB2（或 SB3）→KM3 和 KT 线圈得电→M1 低速起动，KT 延时 3s→延时断开触点 KT 断开，KM4 线圈失电，同时延时闭合触点 KT 闭合，KM5 线圈得电→KM5 主触点闭合→主轴电动机 M1丫丫联结正转（或反转）高速运转。

M1 点动正反转控制：按住 SB4（或 SB5）→KM1（或 KM2）线圈得电→KM1（或 KM2）主触点闭合，同时辅助常开触点闭合→KM4 线圈得电，其主触点闭合→主轴电动机 M1 正向（或反向）点动运转。

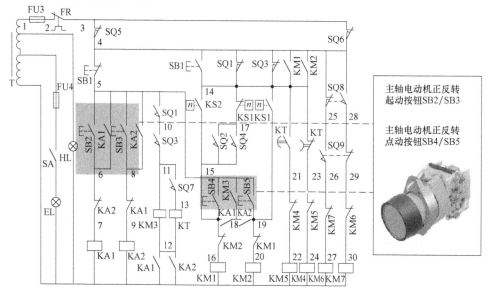

图 5-115　主轴电动机控制分析

2）制动控制如图 5-116 所示。

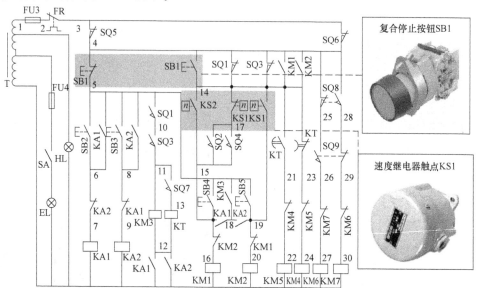

图 5-116　制动控制分析

以主轴电动机正向旋转时的停车制动为例，此时速度继电器 KS 的正向动合触点 KS1 闭合。停车时，按下复合停止按钮 SB1，其触点 SB1 断开。

若主轴电动机原来处于低速正转状态，则按下 SB1→KM1、KM3、KM4 和 KA1 均断电释放→主轴电动机 M1 自由停车。

若主轴电动机原来处于高速正转状态，则按下 SB1→KM1、KM3、KM5、KA1 和 KT 断电释放→限流电阻 R 串入主电路，此时由于惯性，M1 仍高速正转→SB1 常开触点闭合→KM2 线圈通电吸合→KM2 常开触点闭合，对 SB1 自锁作用→KM4 线圈通电吸合→M1 进行反接制动，转速迅速下降→转速下降到 KS 复位转速→KS1 触点断开，KM2 和 KM4 线圈断电释放→反接制动结束，主轴电动机 M1 自由停车。

3）快速移动电动机的控制如图 5-117 所示。

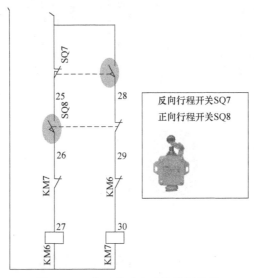

图 5-117　快速移动电动机控制分析

机床各部件的快速移动，由快速移动手柄控制，由快速移动电动机 M2 拖动。运动部件及其运动方向的选择由装设在工作台前方的手柄操纵。

快速移动手柄有正向、反向、停止三个位置。

扳至正向→SQ8 压合→KM6 线圈通电吸合→KM6 主触点闭合→快速移动电动机 M2 正转。

扳至反向→SQ7 压合→KM7 线圈通电吸合→KM7 主触点闭合→快速移动电动机 M2 反转。

扳至停止→SQ7、SQ8 均不压合（恢复原状）→KM6（或 KM7）线圈断电释放→快速移动电动机 M2 停车。

四、T68 型镗床的电气控制线路检修

1. 故障现象

闭合电源开关 QS，按下主轴起动按钮 SB2（或 SB3），电动机 M1 无法起动，压合行程

开关 SQ7（或 SQ8），电动机 M2 也无法起动，如图 5-118 所示。

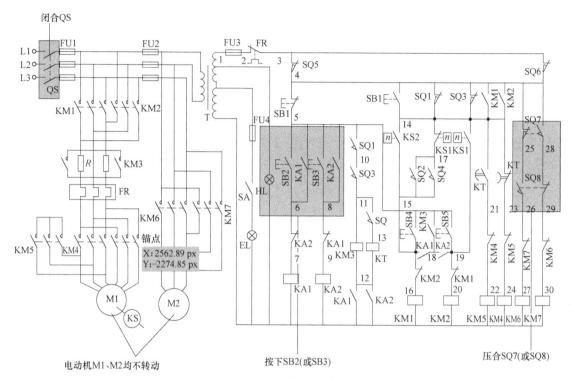

图 5-118　主轴、进给电动机均不工作

2. 故障分析

根据故障现象，在电气原理图上标出可能的最小故障范围。

（1）主电路

主电路中，可能出现故障的点有电源开关 QS 接触不良或者连线断线、熔断器 FU1 熔断或者连线断线等，如图 5-119 所示。

（2）控制电路

当按下 SB2（或 SB3）后，KA1（或 KA2）线圈不吸合，则故障可能存在于控制电路中。可能出现故障的点有 FU3 熔断或者连线断路、FR 的动断触点接触不良、SB1 常闭触点断开等，如图 5-120 所示。

3. 故障排除

（1）信号灯 HL 不亮

电路通电后，确认信号灯 HL 是否点亮，如果不亮，则故障可能发生在主电路上，检修流程如图 5-121 所示。

（2）信号灯 HL 亮

如果信号灯 HL 亮，故障点可能存在于控制电路的公共线路，检修流程如图 5-122 所示。

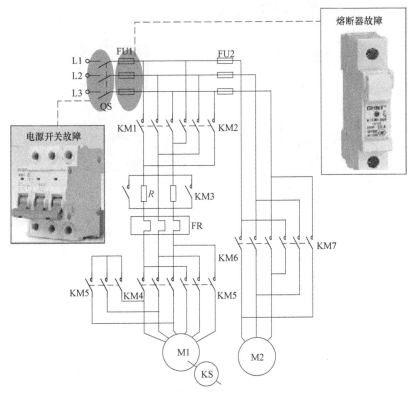

图 5-119 主电路故障分析

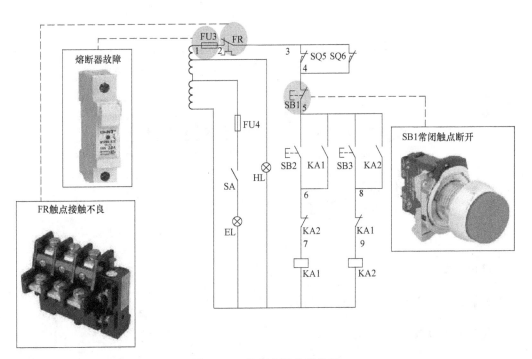

图 5-120 控制电路故障分析

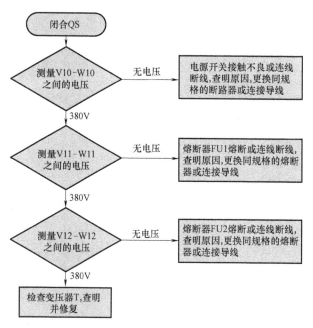

图 5-121 主电路故障检修流程

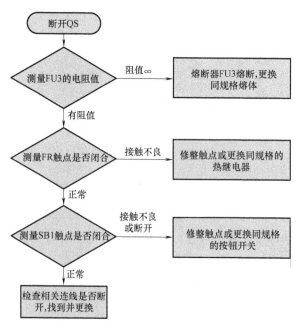

图 5-122 控制电路公共线路检修流程

4. 通电试车

故障排除后，即可进行通电试车，仿真操作如图 5-123 所示。

5. 镗床常见故障

（1）故障一

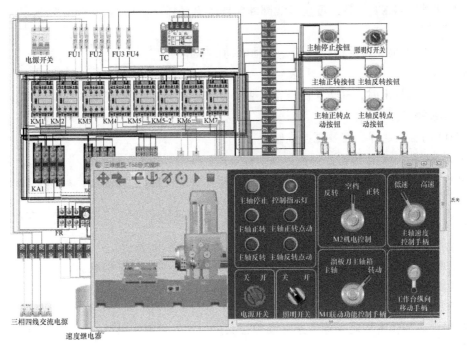

图 5-123　通电试车仿真

故障现象：主轴电动机 M1 正反转都不能起动，检查 FU1、FU2、FU3 和 FR 常闭触点均正常，接线均良好，快速移动也正常。

故障分析：

1）接触器 KM3 控制回路有故障，使 KM3 不闭合，应检查排除。

2）接触器 KM3 线圈断路或引线脱离，应更换线圈或接牢线圈引线。

3）接触器 KM2、KM3 的控制触点接触不良。

（2）故障二

故障现象：主轴电动机 M1 正反转都不能起动，并发出严重的沉闷声，时间不长接触器释放。

故障分析：

1）快速移动电磁铁 YA 失效，不能松开制动而过载，电磁铁线圈断路或引线脱落，应更换线圈或接牢线圈引线。

2）接触器 KM3 控制回路有故障，快速移动电磁铁 YA 不能得电松开制动，应检查排除。

（3）故障三

故障现象：主轴低速能起动，但不能高速运转。

故障分析：

1）手柄在高速位时，没有压合 SQ1，主要原因是 SQ1 位置变动或松动，应重新调整好位置并拧紧螺钉。

2）SQ1 的触点接触不良，需要更换或修复。

3）时间继电器 KT 触点接触不良，需要更换或修复。

继电控制线路维修

4）时间继电器 KT 失灵，可能是线圈断路或气室已坏，应更换。

（4）故障四

故障现象：主轴变速手柄拉出后，主轴电动机不停转。

故障分析：

1）变速手柄拉出时，SQ2 未被压合，主要原因是 SQ2 的位置变动或松动，应重新调整好位置并拧紧螺钉。

2）SQ2 的触点烧焊，需要更换或修复。

（5）故障五

故障现象：调速手柄置于高速，操作者起动时，没有经过低速起动，约 30s 后直接高速起动。

故障分析：

1）时间继电器 KT 常闭触点接触不良或接线脱落，应修理。

2）接触器 KM3 线圈断路或引线脱落，应更换线圈或接牢线圈引线。

3）接触器 KM1 极限松脱或其触点动作不可靠，应检查修理。

（6）故障六

故障现象：操作者同时操作快速移动和镗头进给，发生撞车事故。

故障分析：

1）行程开关 SQ3 或 SB4 的联锁保护失灵，原因是 SQ3 或 SQ4 其中一个失灵，应检查修理。

2）避免违章操作。

活动六

【新课导入】

桥式起重机是一种用来吊起和放下重物并使重物在短距离内水平移动的起重设备，如图 5-124 所示。交流桥式起重机一般也称为行车或大车。

图 5-124　起重机实物图

【知识巩固】

一、桥式起重机的主要结构

普通桥式起重机一般由桥架（大车）、小车、驾驶室及辅助设备等组成，如图 5-125 所示。

（1）桥架

桥架是桥式起重机的基体，包括主梁、端梁、车轮和桥上走道等部分。桥架下部分挂装有驾驶室。

（2）大车移行机构

大车移行机构由大车电动机、制动器、传动轴、万向联轴器、车轮等部分组成。拖动方式分为集中传动和分别传动两种。

（3）起重小车

起重小车由提升机构、小车运行机构、小车架和小车导电滑线等组成，如图 5-126 所示。

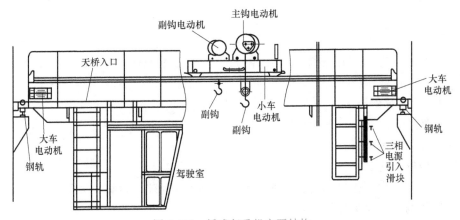

图 5-125 桥式起重机主要结构

二、桥式起重机的运动形式

1. 运动形式

桥式起重机挂着物体在厂房内可做上、下、左、右、前、后六个方向的运动来完成物体的移动。桥式起重机的运动形式有三种：

1）桥式起重机由大车电动机驱动大车运动机械沿车间基础上的大车轨道做左右运动。

2）小车与提升机构由小车电动机驱动小车运动机构沿桥架上的轨道做前后运动。

3）起重电动机驱动提升机构带动重物做上下运动。

2. 拖动要求

（1）对电动机的要求

1）起重电动机为重复短时工作制；

2）有较大的起动转矩；

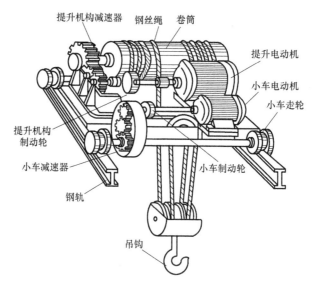

图 5-126　起重小车主要结构

3）能进行电气调速；

4）为适应较恶劣的工作环境和机械冲击，电动机采用封闭式，要求有坚固的机械结构，采用较高的耐热绝缘等级。

（2）对电气系统的要求

1）空钩能够快速升降，减少辅助工时；

2）有一定的调速范围；

3）有适当的低速区；

4）提升第一挡为预备挡，用以消除传动系统中齿间间隙、钢绳拉紧等；

5）有完备的电气保护与联锁环节。

三、桥式起重机的线路分析

1. 电气原理图

桥式起重机电气原理如图 5-127 所示。

2. 控制线路

（1）副钩控制

副钩控制电气线路如图 5-128 所示。

（2）小车控制

小车控制电气线路如图 5-129 所示。

（3）大车控制

大车控制电气线路如图 5-130 所示。

（4）主钩控制

主钩控制电气线路如图 5-131 所示。

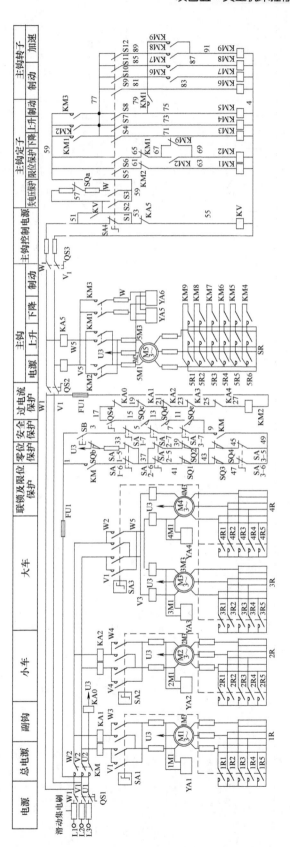

图 5-127 桥式起重机电气原理图

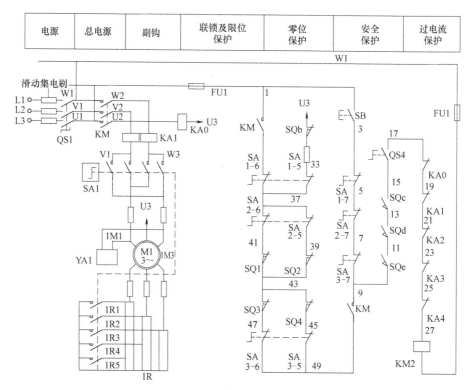

图 5-128　副钩控制电气线路图

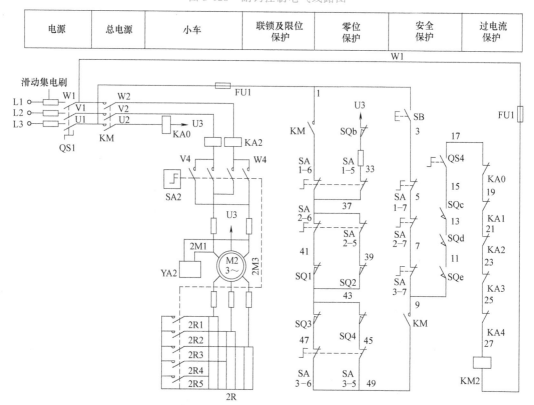

图 5-129　小车控制电气线路图

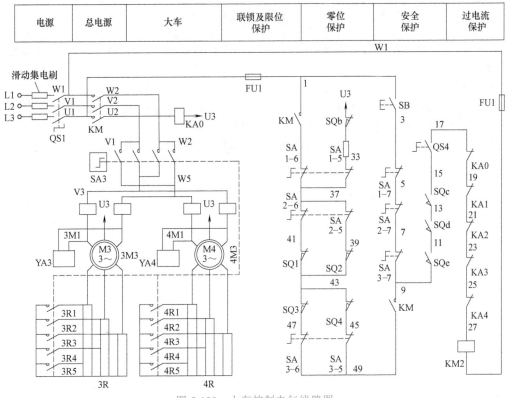

图 5-130　大车控制电气线路图

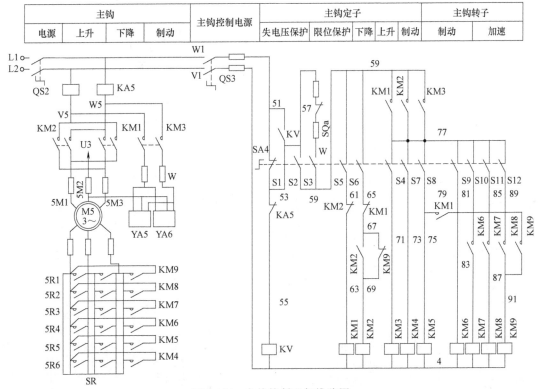

图 5-131　主钩控制电气线路图

参 考 文 献

[1] 赵承荻，王玺珍. 电机与电气控制技术（电气运行与控制专业）［M］. 3 版. 北京：高等教育出版，2012.

[2] 赵承荻，杨利军. 电机与电气控制技术［M］. 3 版. 北京：高等教育出版，2011.

[3] 范次猛. 机电设备电气控制技术——基础知识［M］. 北京：高等教育出版社，2009.

[4] 杨渝钦. 控制电机［M］. 2 版. 北京：机械工业出版社，2001.

[5] 王照清. 维修电工（四级）［M］. 2 版. 北京：中国劳动社会保障出版社，2013.